"十四五"高等职业教育公共课程系列教材

# 信息技术基础实训指导

陈　婕◎主　编

李　静　刘柳绽◎副主编

中国铁道出版社有限公司

CHINA RAILWAY PUBLISHING HOUSE CO., LTD.

## 内 容 简 介

本书为“‘十四五’高等职业教育公共课程系列教材”之一，为着力构建基于信息技术的新型教育教学模式而编写，是《信息技术基础》（孙涛、陈婕主编，中国铁道出版社有限公司出版）的配套教材，旨在加强信息技术实际应用能力的培养。

本书以提高学生计算机基本操作能力为目标，精心设计内容。全书分三部分。第一部分设计了一系列具有代表性的实训，在实训中逐步展开知识点和相关技能，保证内容常用、实用和够用，带领学生逐步完成任务；第二部分通过习题加深学生对上述内容的理解；第三部分通过标准化试题操作培养学生实践能力的同时巩固理论知识。

本书适合作为高等职业院校计算机公共基础课的配套教材，也可以作为个人自学参考书。

**图书在版编目（CIP）数据**

信息技术基础实训指导 / 陈婕主编. -- 北京 : 中国铁道出版社有限公司, 2024. 9（2025. 8重印）. --（“十四五”高等职业教育公共课程系列教材）. -- ISBN 978-7-113-31436-1

Ⅰ. TP3

中国国家版本馆CIP数据核字第2024KG1719号

**书　名：**信息技术基础实训指导
**作　者：**陈　婕

---

**策　　划：**刘梦珂　祁　云　　**编辑部电话：**（010）63549458
**责任编辑：**祁　云　李学敏
**封面设计：**刘　颖
**责任校对：**安海燕
**责任印制：**赵星辰

---

**出版发行：**中国铁道出版社有限公司（100054，北京市西城区右安门西街 8 号）
**网　　址：**https://www.tdpress.com/51eds
**印　　刷：**河北宝昌佳彩印刷有限公司
**版　　次：**2024 年 9 月第 1 版　2025 年 8 月第 3 次印刷
**开　　本：**850 mm×1 168 mm　1/16　**印张：**11　**字数：**256 千
**书　　号：**ISBN 978-7-113-31436-1
**定　　价：**36.00 元

---

# 前言

随着信息技术的发展，计算机作为一种工具已广泛应用于各行各业，掌握计算机信息技术基础知识、熟练操作计算机已成为当代大学生职业生涯中必备的基本素质之一。高等职业教育以培养高素质技术技能型人才为根本任务，以适应社会需要为目标，以培养技术应用能力为主旨，实现学生毕业即能上岗的根本目标，在教学内容上应以技术的应用和熟练掌握为主，基础理论知识以必需、够用为度。

为体现上述教学目的，编者根据多年从事“信息技术基础”课程教学经验，按职业技术教育的针对性、应用性和实践性的要求，对目前办公自动化中常用的软件进行了系统的分析，将其主要知识点归纳总结成若干个操作实例，供学生上机练习使用。这些实例都是人们日常工作岗位中最常遇见的。书中对每个实例都进行了详细的讲解，具有简单、实用、可操作性强的特点，可以解决初学者在上机操作时无所适从的问题。

本书以提高学生计算机基本操作能力为目标，精心设计内容。本书分三部分：第一部分设计了一系列具有代表性的实训，在实训中逐步展开知识点和相关技能，保证内容常用、实用和够用，带领学生逐步完成任务；第二部分通过习题加深学生对上述内容的理解；第三部分通过标准化试题操作培养学生实践能力的同时巩固理论知识。书中涉及的素材及样文等可在中国铁道出版社有限公司教育资源数字化平台（https://www.tdpress.com/51eds/）获取。

本书由陈婕任主编，由李静、刘柳绽任副主编。由于编者水平有限，加之时间仓促，书中难免存在疏漏和不足之处，恳请读者批评指正。

编　者

2024 年 6 月

# 目录

**第一部分　实训** ........ 1

项目一　计算机基础知识 ........ 2

实训一　组装计算机 ........ 2

实训二　指法练习 ........ 7

项目二　Windows 10 操作系统及应用 ........ 14

实训一　安装操作系统 ........ 14

实训二　Windows 10 基本操作 ........ 19

实训三　系统属性及账户管理 ........ 23

项目三　Word 2016 文字处理软件及应用 ........ 29

实训一　Word 2016 基本操作 ........ 29

实训二　Word 2016 表格的建立和编辑 ........ 32

实训三　Word 2016 综合应用 ........ 38

项目四　Excel 2016 电子表格处理软件及应用 ........ 41

实训一　Excel 2016 基本操作 ........ 41

实训二　Excel 2016 数据管理及图表化 ........ 50

实训三　Excel 2016 综合应用 ........ 58

项目五　PowerPoint 2016 演示文稿制作软件及应用 ........ 67

实训一　演示文稿的建立、编辑和效果设置 ........ 67

实训二　PowerPoint 2016 综合应用 ........ 79

项目六　新一代信息技术 ........ 83

实训一　手写文字识别智能转换 ........ 83

实训二　文字语音输入 ........ 87

项目七　信息检索 ........ 89

实训一　华为浏览器设置 ........ 89

实训二　检索满足公司专业设计要求的显示器 ........ 92

**第二部分　习题** ........ 97

2.1　计算机基础知识 ........ 98

2.2 Windows 10 操作系统及应用 ........ 105
2.3 Word 2016 文字处理软件及应用 ........ 115
2.4 Excel 2016 电子表格处理软件及应用 ........ 120
2.5 PowerPoint 2016 演示文稿制作软件及应用 ........ 125
2.6 新一代信息技术 ........ 129
2.7 信息安全技术 ........ 132

**第三部分 考试试题训练 ........ 135**

3.1 Windows 10 操作系统及应用 ........ 136
3.1.1 知识讲解 ........ 136
3.1.2 试题汇编 ........ 136
3.2 文字录入与编辑 ........ 137
3.2.1 知识讲解 ........ 137
3.2.2 试题汇编 ........ 138
3.3 文档的格式设置与编排 ........ 139
3.3.1 知识讲解 ........ 139
3.3.2 试题汇编 ........ 139
3.4 文档的版面设置与编排 ........ 144
3.4.1 知识讲解 ........ 144
3.4.2 试题汇编 ........ 145
3.5 电子表格的基本操作 ........ 150
3.5.1 知识讲解 ........ 150
3.5.2 试题汇编 ........ 151
3.6 电子表格的数据处理 ........ 156
3.6.1 知识讲解 ........ 156
3.6.2 试题汇编 ........ 156
3.7 Word 和 Excel 的进阶应用 ........ 160
3.7.1 知识讲解 ........ 160
3.7.2 试题汇编 ........ 161
3.8 演示文稿的基本操作 ........ 165
3.8.1 知识讲解 ........ 165
3.8.2 试题汇编 ........ 165

# 第一部分

# 实　训

项目一　计算机基础知识

项目二　Windows 10 操作系统及应用

项目三　Word 2016 文字处理软件及应用

项目四　Excel 2016 电子表格处理软件及应用

项目五　PowerPoint 2016 演示文稿制作软件及应用

项目六　新一代信息技术

项目七　信息检索

# 项目一 计算机基础知识

## 实训一 组装计算机

### 一、实训目的

（1）掌握计算机的组装。

（2）掌握计算机硬件的安装方法。

（3）掌握各配件接口类型及跳线的方法。

### 二、实训内容

（1）CPU 及风扇的安装。

（2）主板的安装。

（3）内存条和显卡的安装。

（4）光驱及各种电源设备的安装。

### 三、实训步骤

把主板装入机箱之前，应先把 CPU、CPU 风扇及内存条装上，因为这两种配件在机箱外安装较为方便。

#### 1. 安装 CPU 和 CPU 风扇

（1）用适当的力向下微压固定 CPU 的压杆，同时用力往外推压杆，使其脱离固定卡扣，拉起 CPU 插座边的拉杆，使其呈 90° ，如图 1.1.1 所示，再将固定 CPU 的扣盖打开。

（2）将 CPU 安装到主板上，安装时注意 CPU 与主板底座上的针脚相对应，如图 1.1.2 所示。

图 1.1.1　拉起拉杆

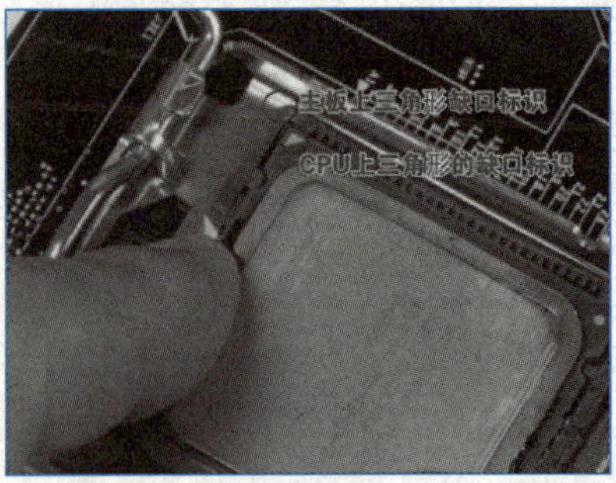


图 1.1.2　插入 CPU

（3）将 CPU 安放到位以后，盖好扣盖，并反方向微用力扣下 CPU 的压杆。至此 CPU 便被稳稳地安装到主板上，安装过程结束。

（4）在 CPU 的核心上涂上一层薄薄的散热硅胶，使 CPU 和散热器接触良好，保证 CPU 能稳定地工作。

（5）将 CPU 风扇平稳地放在 CPU 的核心上，并将散热器的四角对准主板相应的位置，然后用力压下四角卡扣即可，如图 1.1.3 所示。

（6）将 CPU 风扇电源线插入主板相应的接口（主板上的标识字符为 CPU_FAN），如图 1.1.4 所示。

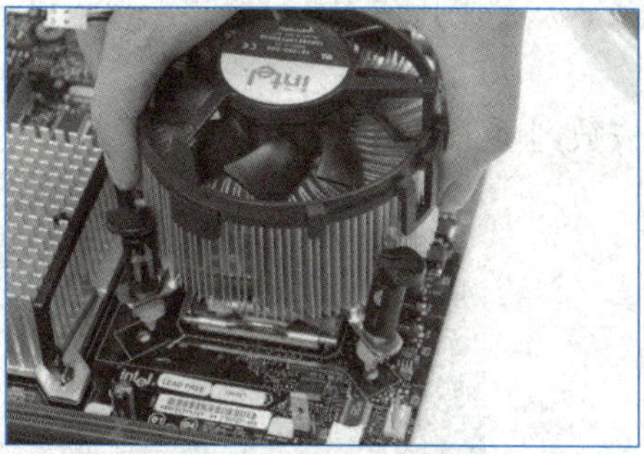

图 1.1.3 安装 CPU 风扇

图 1.1.4 插入 CPU 风扇电源线

## 2. 安装内存条

在安装内存条时，一定要将其金手指与主板上的内存插槽口的位置相对应才能安装，否则有可能会损坏内存条。

（1）将内存条插槽两端的卡扣打开（往外侧扳动），使内存条能够插入，如图 1.1.5 所示。

（2）拿起内存条，然后将内存条引脚的缺口对准内存插槽内的凸起，用两拇指按住内存两端轻微向下压，听到“咔”的声响后，即说明内存条安装到位，如图 1.1.6 所示。

图 1.1.5 打开卡扣

图 1.1.6 安装内存条

（3）安装第二根内存条时，操作同上，但要注意第二根内存条要安装在与第一根内存条相同颜色的内存插槽上，以便打开双通道功能，提高系统性能，如图 1.1.7 所示。

## 3. 安装主板

（1）将主板卡钉底座安放到机箱主板托架的对应位置，并将其拧紧，如图 1.1.8 所示。安装前最好比对一下，以免将主板卡钉底座装错位置。

图 1.1.7　双内存条安装完毕

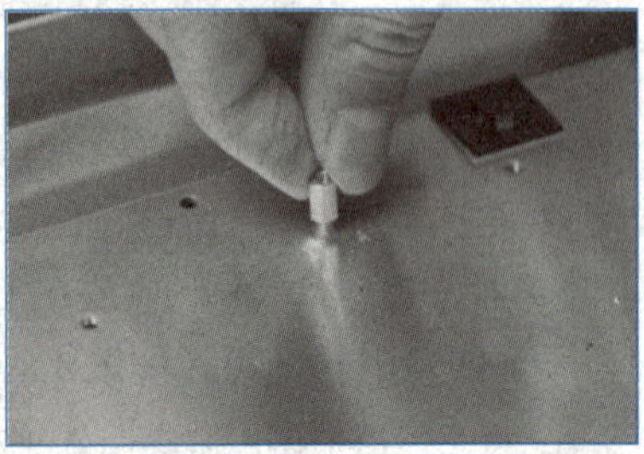

图 1.1.8　安装主板卡钉底座

（2）依次检查各卡钉位置是否正确，确定正确后，双手平托住主板，将主板放入机箱，如图 1.1.9 所示。

（3）可以通过机箱背部的主板挡板来确定机箱安放到位，如图 1.1.10 所示。

图 1.1.9　放入主板

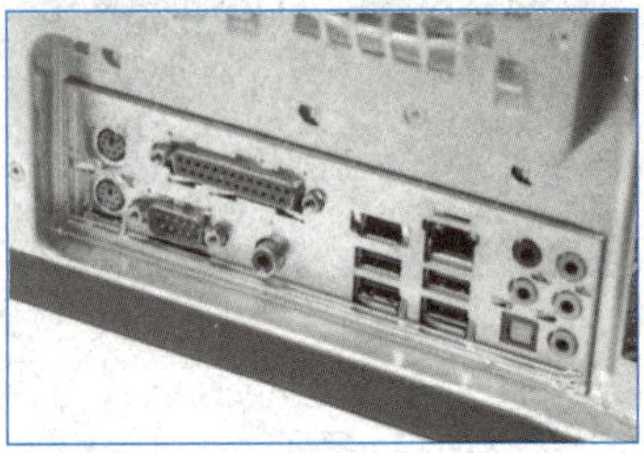

图 1.1.10　确定主板安装到位

（4）将主板固定到机箱内，尽量采用对角固定的方式安装螺钉。在装螺钉时，注意每颗螺钉不要一次性拧紧，等全部螺钉安装到位后再将每颗螺钉拧紧，这样做的好处是随时可以对主板的位置进行调整，如图 1.1.11 所示。

（5）至此，主板安装完毕，如图 1.1.12 所示。

图 1.1.11　固定主板

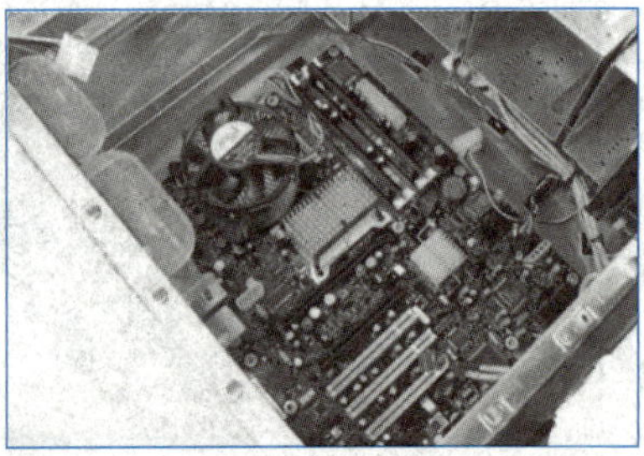

图 1.1.12　主板安装完毕

### 4．安装硬盘、光驱

在安装好 CPU、内存条和主板之后，需要将硬盘固定在机箱的 3.5 英寸（1 英寸 =2.54 cm）硬盘托架上。对于普通的机箱，只需要将硬盘放入机箱的硬盘托架上，并拧紧螺钉使其固定即可；对于可拆卸的 3.5 英寸硬盘托架，则可将硬盘托架从机箱上卸下后，再在硬盘托架上安装硬盘。

（1）取出 3.5 英寸硬盘托架，如图 1.1.13 所示。

（2）将硬盘安装到硬盘托架上，并拧紧螺钉，如图 1.1.14 所示。

图 1.1.13 取出 3.5 英寸硬盘托架

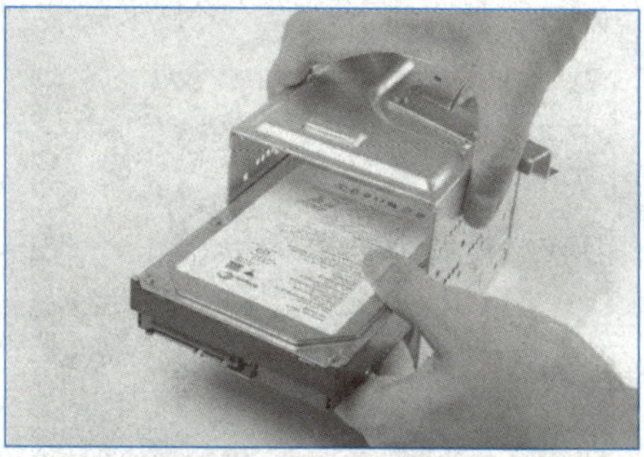

图 1.1.14 将硬盘安装到硬盘托架上

（3）将硬盘托架重新装入机箱，并将固定扳手拉回原位固定好硬盘托架，如图 1.1.15 所示。

（4）安装光驱的滑槽，如图 1.1.16 所示。

图 1.1.15 将硬盘托架固定在机箱上

图 1.1.16 安装光驱的滑槽

（5）拆除机箱正面的光驱挡板，从外将光驱推入机箱托架中，如图 1.1.17 所示。

（6）当光驱面板和机箱前面板平齐时，拧好螺钉，光驱安装完毕，如图 1.1.18 所示。

图 1.1.17 安装光驱到机箱

图 1.1.18 光驱安装完毕

## 5．安装显卡

计算机中有许多适配卡，如显卡、声卡、网卡、Modem 卡、电视卡等，它们都是通过主板上的插槽与主板相连接的。这些适配卡的安装过程基本相同，下面以显卡安装为例进行讲解。

（1）找到主板显卡插槽，如图 1.1.19 所示。

（2）用手轻握显卡两端，垂直对准主板上的显卡插槽，并将其接口与机箱后置挡板上的接口位对齐，然后向下轻压，将显卡安装到显卡插槽中，如图 1.1.20 所示。

图 1.1.19　PCI-E 显卡插槽

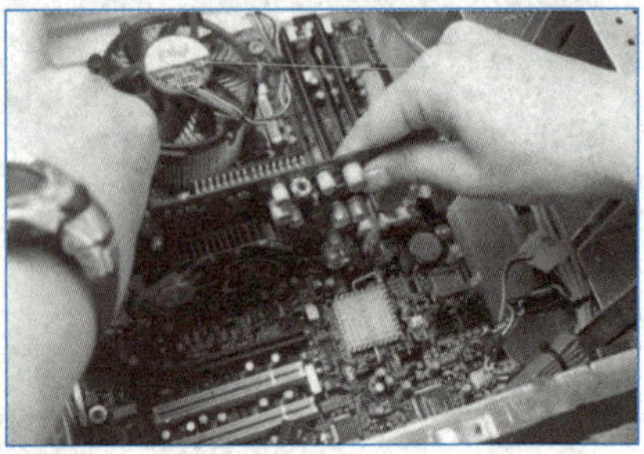

图 1.1.20　安装显卡

声卡、网卡等计算机板卡的安装方法与显卡的安装方法基本相同，区别只是安装的插槽不同。目前的声卡、网卡大多为 PCI 插槽（主板上颜色为白色的插槽）。

### 6. 安装电源及各种连接

（1）电源安装比较简单，只要将电源对准机箱的相应位置，安装到位后，拧紧螺钉即可，如图 1.1.21 所示。

（2）安装硬盘的数据线和电源线，如图 1.1.22 所示。注意右边红色的为数据线，黑黄红交叉的是电源线，安装时将其按入即可。接口全部采用防呆式设计，反方向无法插入。

图 1.1.21　安装机箱电源

图 1.1.22　安装硬盘的数据线和电源线

（3）安装光驱的数据线和电源线，如图 1.1.23 所示，并将 IDE 数据线的另一端接在主板的 IDE 接口上，如图 1.1.24 所示。

图 1.1.23　安装光驱的数据线和电源线

图 1.1.24　安装主板上的 IDE 数据线

（4）连接主板电源供电接口，如图 1.1.25 所示。

（5）连接 CPU 电源供电接口，如图 1.1.26 所示。

图 1.1.25 连接主板电源供电接口

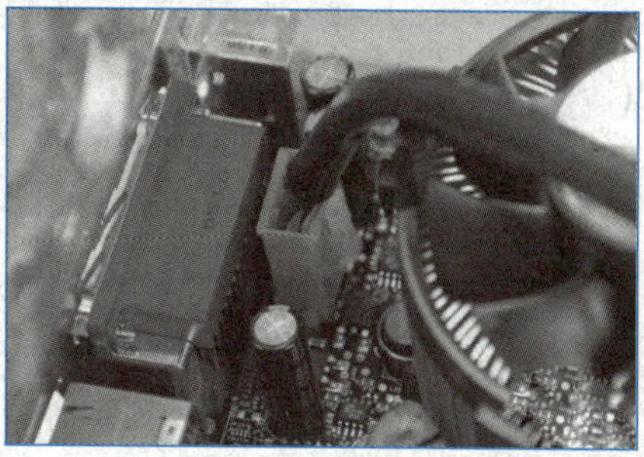
图 1.1.26 连接 CPU 电源供电接口

（6）连接主板上的 SATA 硬盘、USB 及机箱开关、重启及硬盘工作指示灯接口。最后将机箱内的各种线缆进行简单整理，以便提供良好的散热空间，至此，计算机主机安装完毕。

# 实训二 指 法 练 习

## 一、实训目的

（1）掌握正确的指法与击键的操作姿势。

（2）熟悉计算机键盘，熟练计算机的键盘输入。

## 二、实训内容

本实训要求学习者通过打字练习的训练，逐步了解正确的击键方法、指法要领及主键盘和小键盘的用法。

## 三、实训步骤

### 1．操作前的准备——指法

（1）姿势。在使用键盘前，首先要注意正确坐姿，如图 1.1.27 所示。

图 1.1.27 正确坐姿

（2）身体保持端正，双脚平放。桌椅的高度以双手可平放在桌面上为准，桌椅间的距离以手指能轻放于基准键位为准。

（3）两臂自然下垂，两肘贴于腋边。肘关节呈垂直弯曲，手腕平直，身体与打字桌的距离为 20 ~ 30 cm。击键的动力主要来自手腕，所以手腕要下垂不可弓起。

（4）打字文稿放在键盘的左边，或用专用文稿夹夹在显示器旁边。打字时眼观文稿，身体不要跟着倾斜，一开始就不应该养成看键盘输入的习惯，视线应主要专注于文稿或屏幕。这样不仅可提高录入效率，而且眼睛也不易疲劳。

### 2．击键方法

（1）按键介绍。每个手指负责固定的字符键区域，如图 1.1.28 所示。

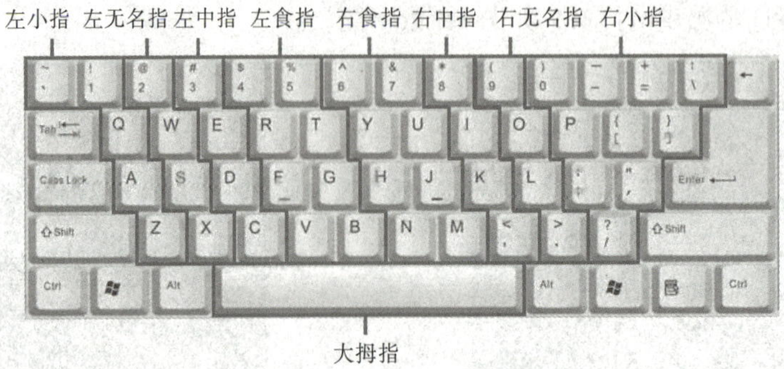


图 1.1.28　手指键位分配图

计算机的标准键盘有 26 个英文字母键，其排列位置与英文字母的使用频率有关。使用频率最高的按键放在中间，使用频率较低的按键放在边上，这种排列方式是依据手指击键的灵活程度排出来的。食指、中指比小指和无名指的灵活度和力度高，故击键的速度也相应快一些。

（2）键盘主要输入区的按键布局如图 1.1.29 所示，下面分别介绍各个功能键区的功能。

图 1.1.29　键盘的主要输入区

① 字母键。总体来说，字母键分为上、中、下三档，每档的右边还有符号键，详细介绍如下：

- 中行键：A S D F G H J K L ; '。
- 上行键：Q W E R T Y U I O P [ ]。
- 下行键：Z X C V B N M , . /。

此外，字母的大写和小写用同一个键，用换挡键【Shift】或大写锁定键【Caps Lock】进行切换。【Shift】键左右各有一个，用于字母的临时转换，用左右小指击键。字母键的右侧还有【Enter】键，在命令状态下用于命令的确认，在文档输入中用于换行、断行等。

② 数字键。数字键位于字母键的上方一排，用于数字的输入。另外在输入汉字时，数字键还用于重码的选择。每个数字键都对应一个常用的符号键，其切换也是用换挡键【Shift】。

③ 辅键盘区。键盘的右侧还有一个数字小键盘，其中有 9 个数字键，排列紧凑，可用于数字的输入。在需要输入大量数字的情况下，如在财会的输入方面就要经常用到该数字键盘，另外，五笔字型中的五笔输入也采用了小键盘。当使用小键盘输入数字时应确保小键盘有效，【Num Lock】指示灯亮时代表其有效，否则为无效编辑状态。在编辑状态时，上、下、左、右方向键和【Home】【End】键用于光标的移动，【Page Up】和【Page Down】键用于上下翻页等。

④ 符号键。字母键的右侧还有标点符号键，这些标点符号在英文输入状态下可输入英文标点。此外，标准键盘除了字母键和数字键外还有一些特殊键：左侧有【Tab】键和【Caps Lock】键；【Shift】键、【Ctrl】键和【Alt】键左右各有一个，这些键可以组合其他字母键实现多种功能。

⑤ 功能键。在键盘的左侧或上方有十几个功能键，其功能根据不同的软件和用户设定而不同。例如，一般情况下【F1】键多被设为帮助热键。

### 3. 按键分组

（1）基准键。基准键位于主键盘的第三行，共八个键，各手指所对应的键位如图 1.1.30 所示。图中标明，左手的食指、中指、无名指和小指依次分管【F】【D】【S】和【A】四个键，食指同时兼管【G】键。右手的食指、中指、无名指和小指依次分管【J】、【K】、【L】和【；】四个键，食指同时兼管【H】键。

图 1.1.30 基准键

（2）指法分区。在基准键位的基础上，将主键盘上的键进行分区。凡与基准键在同一左斜线上的键属于同一区，都由同一个手指来管理，这样可使手指的移动距离缩短，操作的速度加快。

### 4. 指法要领

正确地使用指法是提高击键速度的关键，掌握正确的指法，关键在于开始就要养成良好的习惯，这样才会事半功倍。

（1）准备打字时除拇指外其余的八个手指分别放在基准键上。应注意【F】键和【J】键均有凸起，两个食指定位其上，拇指放在空格键上，可依此实现盲打。

（2）十指分工，包键到指，分工明确。

（3）任一手指击键后都应迅速返回基准键，这样才能熟悉各键位之间的实际距离，从而实现盲打。

（4）平时手指稍微弯曲拱起，手指稍斜垂直放在键盘上，指尖后的第一关节呈弧形，轻放于键位中间，手腕要悬起不要压在键盘上。击键的力量来自手腕，尤其是小指，仅用它的力量影响击键的速度。

（5）击键要短促，有“弹性”，用手指头击键，不要将手指伸直来按键。

（6）击键速度应保持均衡，击键要有节奏，力求保持匀速。无论用哪个手指击键，该手的其他手指也要一起提起上下活动，而另一只手的各指应放在基准键位上。

### 5. 一些主要键的击法

（1）空格键的击法：右手从基准键上抬起 1 ~ 2 cm，大拇指横向向下击。

（2）【Enter】的击法：需换行时，右手小指击【Enter】键。

（3）大写锁定键【CapsLock】：该键实质上是一个“开关键”，它只对英文字母起作用。当【CapsLock】指示灯灭时，按字母键将输入小写字母，否则输入大写字母。

（4）换档键【Shift】的击法：主键盘左右两侧各有一个【Shift】键，该键要与其他键配合使用。键盘中有些键上标有两个字符，称为双字符键。当直接按双字符键时，输入的是标在下面的字符（也称下档字符）；当需要输入双字符键上面的字符（也称上档字符）时，要按住换档键不放，再按双字符键。另外，换档键还可以临时转换字母的大小写输入，方法是：当键盘锁定在大写方式时，按住【Shift】键的同时按字母键就可以输入小写字母；当键盘锁定在小写方式时，按住【Shift】键的同时按字母键就可以输入大写字母。

（5）辅键盘（小键盘）的击法：右手食指击数字键【1】、【4】、【7】；右手中指击数字键【2】、【5】、【8】；右手无名指击数字键【3】、【6】、【9】。

（6）键盘操作练习。键盘练习方法一般有两种：步进式与重复式。

① 步进式练习。先练基准键位的击键方法，到一定时候再加入中指上下移动击键，然后加入食指左右、上下移动击键，再加无名指，进一步进行各行多键位的练习。

② 重复式练习。重复式练习是指在每个键位上都先做反复式的练习，然后再全面出击，或对某一段文字进行反复练习。

还可以将这两种方法结合起来，在步进式练习基本完成之后，选择一些英文短文，进行反复练习，从而进一步熟悉各字符键位，提高输入速度。

在练习时，要眼、脑、手和谐，做到准确敏捷，到最后能形成条件反射。

### 6．主键盘和小键盘的用法

进行指法训练时，首先要启动写字板。

（1）单击任务栏上的“开始”按钮，选择“所有应用”选项，如图 1.1.31 所示。然后在“开始”菜单应用列表里找到首字母“W”，如图 1.1.32 所示。选择“Windows 附件”→“写字板”命令，打开“写字板”窗口，如图 1.1.33 所示。

图 1.1.31　“所有应用”选项

图 1.1.32　选择“Windows 附件”

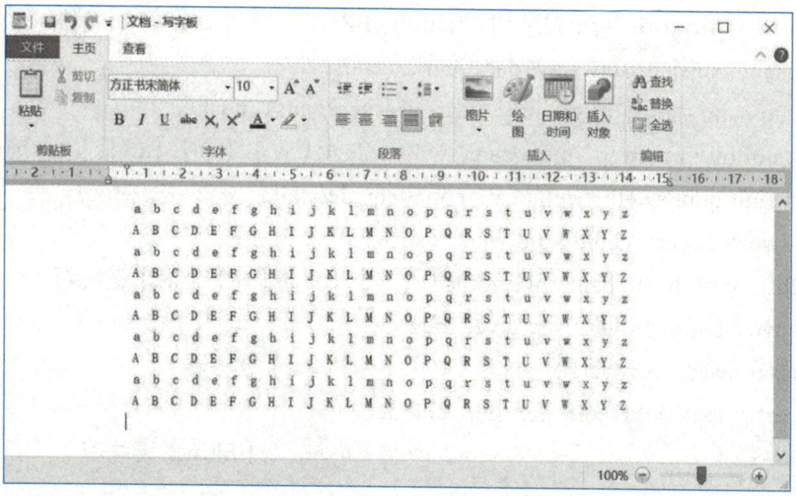


图 1.1.33 “写字板”窗口

（2）按图 1.1.33 所示的效果进行练习。练习分三种，每一种练习最少五次。按照下面的练习 1 ~ 练习 3 分别进行。

（3）练习 1：熟悉主键盘和小键盘的用法（最少各五次）。

①【CapsLock】键：先录入 26 个小写字母，再依次录入 26 个大写字母。

a b c d e f g h i j k l m n o p q r s t u v w x y z A B C D E F G H I J K L M N O P Q R S T U V W X Y Z

②【Shift】键：录入如下字符。

˜！ @ # $ %ˆ& * （ ）—＋ <> ？ “ ：

③【NumLock】键：用右边小键盘录入如下数字，再用【Backspace】键将多余的 9 删除。

0 1 2 3 4 5 6 7 8 9 9 9 9 9 9 9 9

（4）练习 2：熟悉基准键指法练习（本练习最好重复五次，初学者要求眼睛观察屏幕，而不是紧盯键盘）。

| | | | | | | | |
|---|---|---|---|---|---|---|---|
| ffff | jjjj | dddd | kkkk | ssss | llll | aaaa | ;;;; |
| ;;;; | llll | kkkk | jjjj | ffff | dddd | ssss | aaaa |
| aaaa | ssss | dddd | ffff | jjjj | kkkk | llll | ;;;; |
| assk | assk | assk | assk | asdf | asdf | asdf | asdf |
| dada | dada | kjkj | kjkj | fall | fall | kjlo | kjlo |
| ljad | ljad | lkas | lkas | lass | lass | jkfd | jkfd |

（5）练习 3：其他字符键输入练习（本练习最好重复五次）。

deddedkikkikfdefde ill illsallsall（【E】【I】键练习）

kill killlakslaks sell sell deal deal said

fgfjhj had had half half glad glad high high（【G】【H】键练习）

ghiosgiohiouiugiuopgiiohiii edge edge shall shall

ftfrtftryftrhifrytjftrjuifrtrufyru ally lllayllauy（【R】【T】【U】【Y】键练习）

star star shut shutshut stay stay dark darkfaltfalt

full full fury fury jury juryu jury year yearyear dusk dusk

swsswsswslollol ;p;p ;p ;p ;p;paqaaqa will will（【W】【Q】【O】【P】键练习）

pass pass quit quit swell swellswell equal equalequall

told told world world hold hold wait wait

fvffvffbffbfjmjjmj bank bankmilk milk（【V】【B】【N】【M】键练习）

moves moves build build gives gives beg beg

dcddcdsxssxsazaaza car carsix six（【C】【X】【Z】键练习）

size size exit exit cold cold fox fox act act

; ? ; ; ? ; （—）（—）><><><<=? <=? >+ >+（【Shift】键练习）

### 7. 中、英文打字练习

（1）单击任务栏上的“开始”按钮，选择“所有应用”→“Windows 附件”→“写字板”命令，启动“写字板”应用程序。

（2）练习 1：英文输入练习，最少三次。

内容如下：

CAUTION!

Static electricity can severely damage electronic parts. Take these precautions:

1) Before touching any electronic parts, drain the static electricity from your body. You can do this by touching the internal metal frame of your computer while it’s unplugged.

2) Don’t remove a card from the anti-static container it shipped in until you’re ready to install it. When you remove a card from your computer, place it back in its container.

3) Don’t let your clothes touch any electronic parts.

4) When handling a card, hold it by its edges, and avoid touching its circuitry.

（3）练习 2：中文输入练习，最少两次［可采用中文（简体，中国）-搜狗拼音输入法］。

（4）进入写字板，单击任务栏右侧的“输入法指示器”按钮，打开输入法菜单，选择“中文（简体，中国）-搜狗拼音输入法”即可，如图 1.1.34 所示（文本中若遇到英文字母或单词时，最快的方法是按【Ctrl+Space】组合键进行切换）。

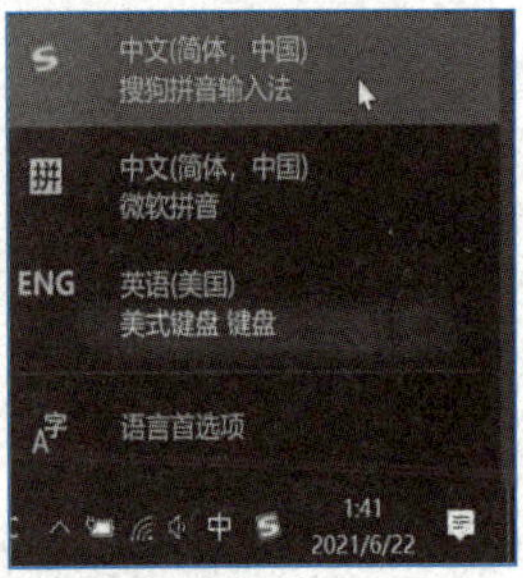


图 1.1.34 输入法

输入内容如下：

云计算的服务

云计算通过互联网提供服务。一般来说，用户使用云计算提供的服务，就是计算机不需要硬盘，不需要安装客户端软件，只需要网卡和一个网页浏览器就能够接入互联网，通过网络浏览器即可随时访问云计算提供的服务，即在任何时间、任何地点、任何设备都能使用云计算提供的服务。

实际上，在日常网络应用中使用云计算提供的服务随处可见，比如 QQ 空间提供的在线制作 Flash 图片，百度的搜索服务等。由此可见，云计算提供的服务多种多样。

云计算提供的服务主要可分为三类：

（1）软件即服务（software as a service，SaaS）。

（2）平台即服务（platform as a service，PaaS）。

（3）基础设施即服务（infrastructure as a service，IaaS）。

这三类常被称为 SPI 模型，其中 SPI 分别代表软件（software）、平台（platform）和基础设施（infrastructure）。

## 操作技巧

### Windows 10 下打开写字板的技巧

“指法练习”介绍过一种打开写字板的常用方法。下面以 Windows 10 系统为例，介绍两种快速、方便打开写字板方法的技巧。

方法一：利用“开始”按钮右侧的搜索框，在搜索框中输入“写字板”，立刻显示写字板图标，如图 1.1.35 所示，单击“写字板”图标，即可打开写字板程序。

方法二：利用运行命令。按下【Win+R】组合键，在打开的“运行”对话框中输入 wordpad.exe（可省略扩展名）后按【Enter】键，也可以打开写字板程序，如图 1.1.36 所示。

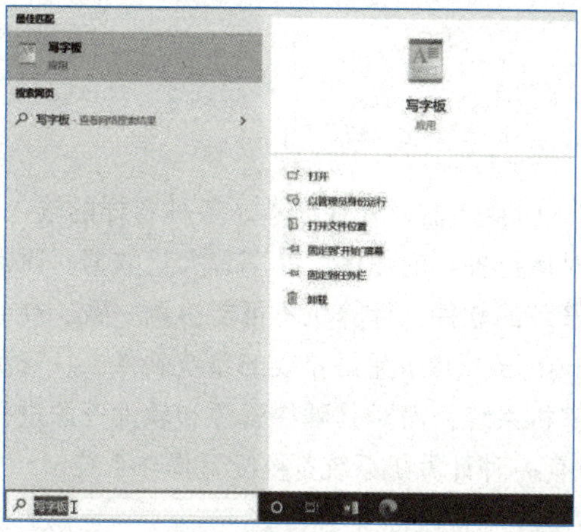


图 1.1.35　利用搜索框打开“写字板”窗口

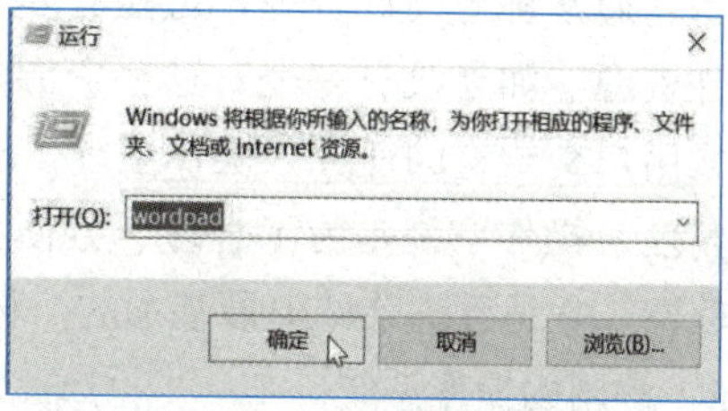


图 1.1.36　利用【Win+R】组合键打开“运行”对话框

通过以上介绍，可使读者很方便地打开“写字板”窗口，提高工作效率。

# 项目二 Windows 10 操作系统及应用

## 实训一 安装操作系统

### 一、实训目的

（1）了解操作系统及其分类。

（2）熟悉操作系统的安装过程。

### 二、实训内容

（1）了解操作系统。

（2）安装 Windows 10 操作系统。

（3）设置操作系统。

### 三、实训步骤

#### 1. 了解操作系统

（1）操作系统组成及概念。

计算机是一个高速运转的复杂系统：它有 CPU、内存储器、外存储器、各种各样的输入/输出设备，通常称为硬件资源；可能有多个用户同时运行各自的程序，共享着大量数据，通常称为软件资源。如果没有一个对这些资源进行统一管理的软件，计算机不可能协调一致、高效率地完成用户交给它的任务。操作系统（operation system，OS）是最重要的系统软件。从资源管理的角度，操作系统是为了合理、方便地利用计算机系统，而对其硬件资源和软件资源进行管理的软件。它是系统软件中最基本的一种软件，任何一种计算机系统都要配置操作系统。

（2）常用的操作系统。

① DOS：Microsoft 公司研制的配置在 PC 的单用户命令行界面操作系统，从 4.0 版开始成为支持多任务的操作系统。

② Windows：图形用户界面操作系统。

③ UNIX：分时操作系统，主要用于“服务器/客户机”体系。

④ Linux：由 UNIX 发展而来，源代码开放。

⑤ OS/2：为 PS/2 设计的操作系统，用户可自行定制界面。

⑥ Mac OS：具有较好的图形处理能力，主要用在桌面出版和多媒体应用等领域。该系统用在苹果公司的 Macintosh 计算机上，与 Windows 缺乏较好的兼容性。

⑦ Novell NetWare：基于文件服务和目录服务的网络操作系统，用于构建局域网，是一种局域网操作系统。

## 2. 安装 Windows 10 操作系统

具体安装步骤如下：

（1）准备光盘：准备好具有 Windows 10 操作系统 ISO 镜像文件的光盘（注：亦可通过制作 U 盘启动盘来安装）。

（2）安装：

① 将光盘放入光驱中，重启计算机，进入 BIOS 中设置光盘为第一启动项（也可在开机时按【F12】键，然后选择光驱并按【Enter】键），保存设置，重新启动计算机。在刚开机的几秒屏幕上显示“Press any key to boot from CD or DVD……”时，按下任意键。

② 依据屏幕上的提示信息设置语言、时间、输入法，一般按默认设置即可，如图 1.2.1 所示。

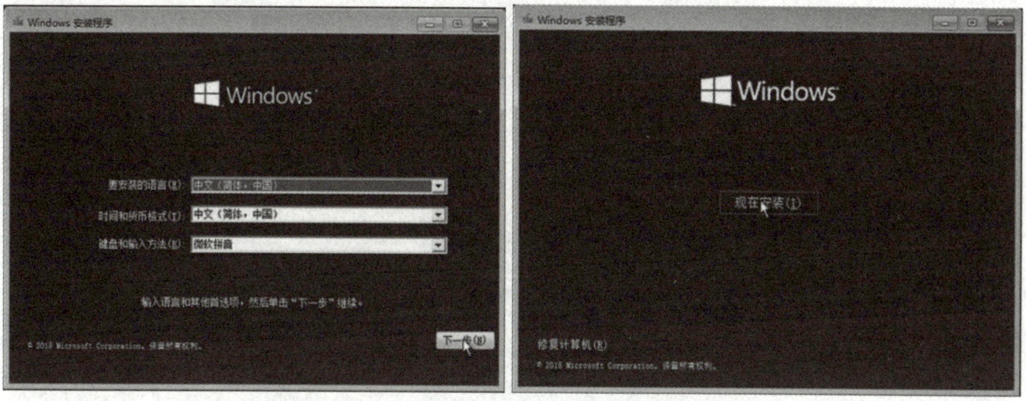


图 1.2.1 设置时间、语言

③ 选择要安装的操作系统“Windows 10 专业版”，如图 1.2.2 所示。

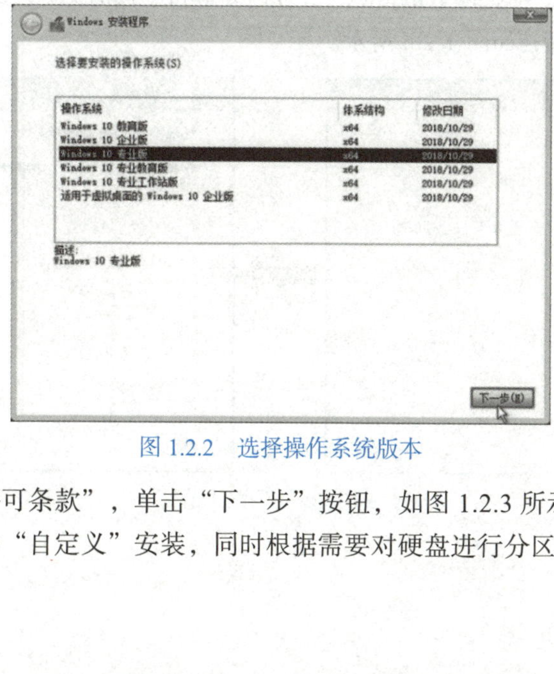


图 1.2.2 选择操作系统版本

④ 选择“我接受许可条款”，单击“下一步”按钮，如图 1.2.3 所示。

⑤ 选择安装类型为“自定义”安装，同时根据需要对硬盘进行分区，如图 1.2.4 所示。

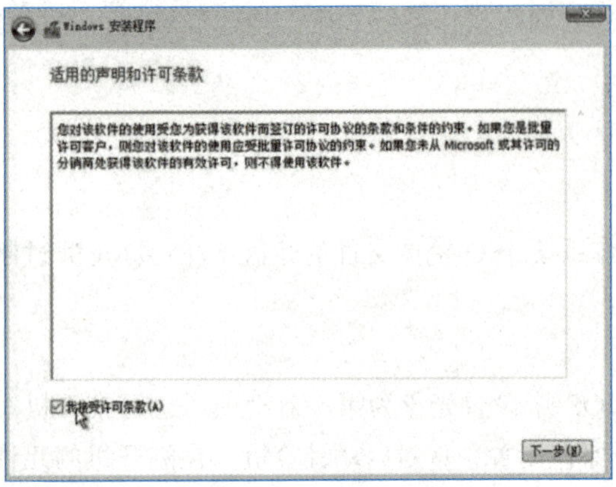


图 1.2.3　接受协议

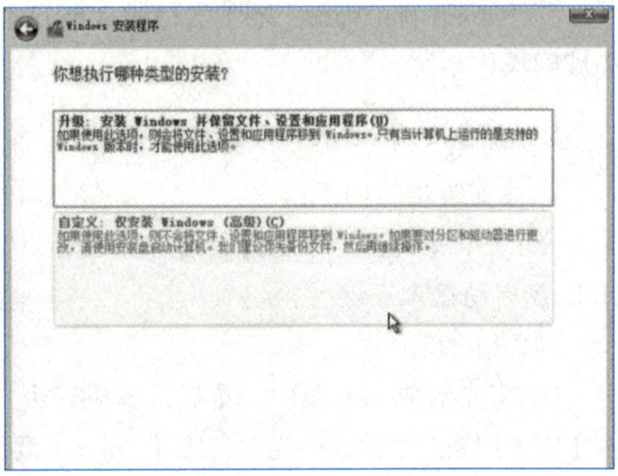


图 1.2.4　选择安装类型

⑥ 选择安装路径，如图 1.2.5 所示。

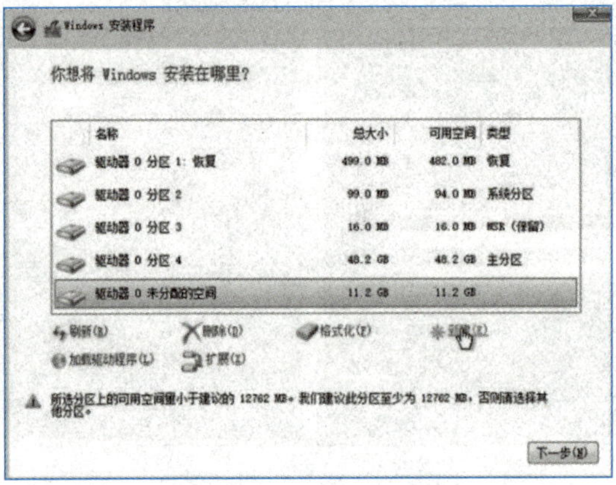


图 1.2.5　设置安装路径

⑦ 屏幕上会显示“正在安装 Windows”，此时要等待一段时间。安装完成后，按提示重启，进一步安装服务、设备等，如图 1.2.6 所示。

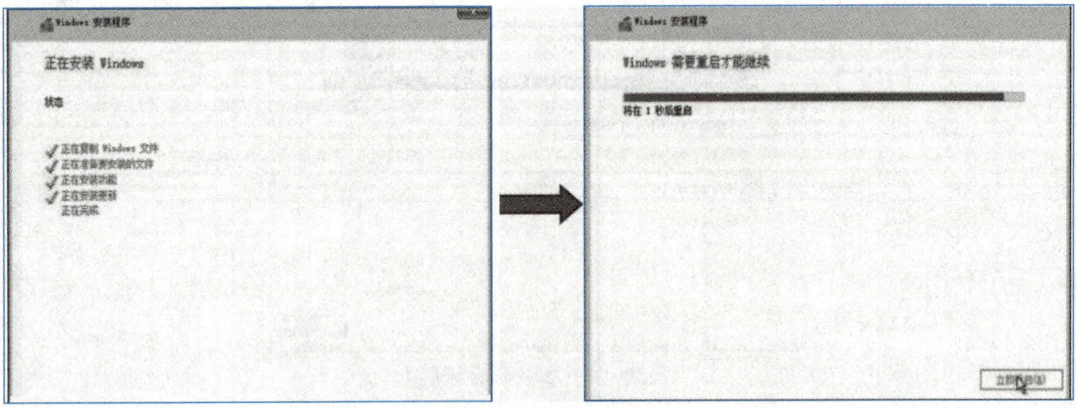


图 1.2.6　安装过程

### 3. 设置操作系统

① 设置区域，选择“中国”，如图 1.2.7 所示。

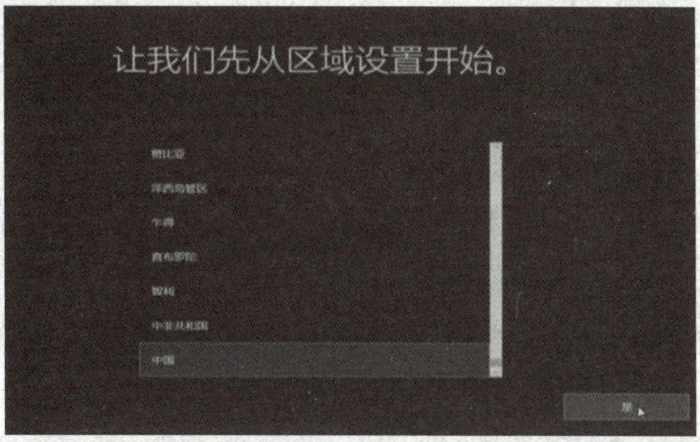


图 1.2.7　设置区域

② 设置键盘，选择“微软拼音”，如图 1.2.8 所示。

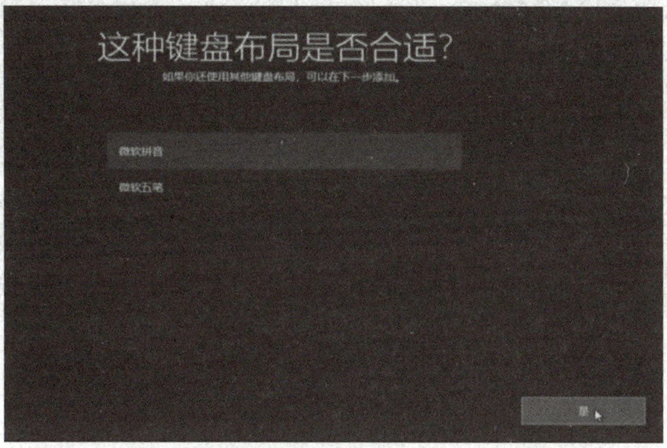


图 1.2.8　设置键盘

③ 设置账户，选择“针对个人使用进行设置”（见图 1.2.9），并设置用户名（见图 1.2.10）和密码（见图 1.2.11）。

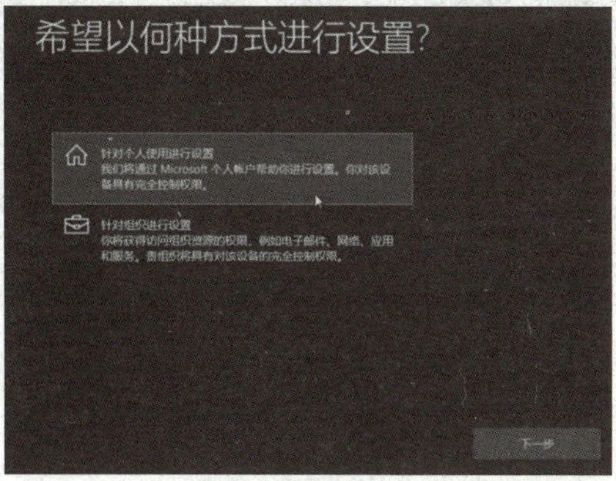


图 1.2.9　设置账户

图 1.2.10　设置用户名

图 1.2.11　设置密码

④ 根据个人喜好，设置是否开启 Cortana，单击“接受”按钮，如图 1.2.12 所示。

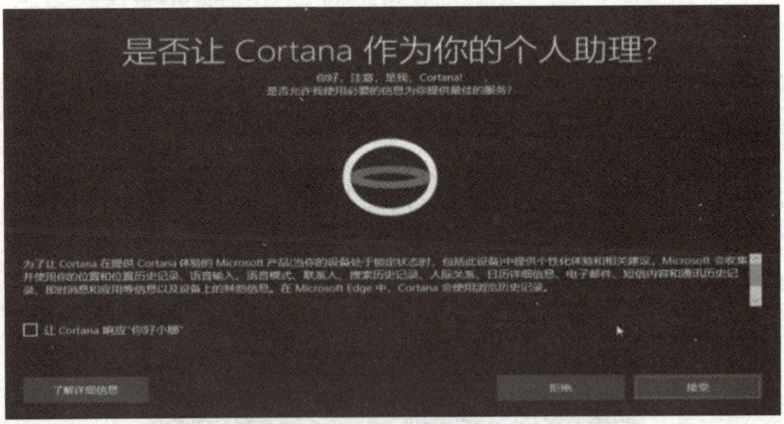


图 1.2.12　开启小娜 Cortana

⑤ 设置完成，进入 Windows 10 系统，如图 1.2.13 所示。

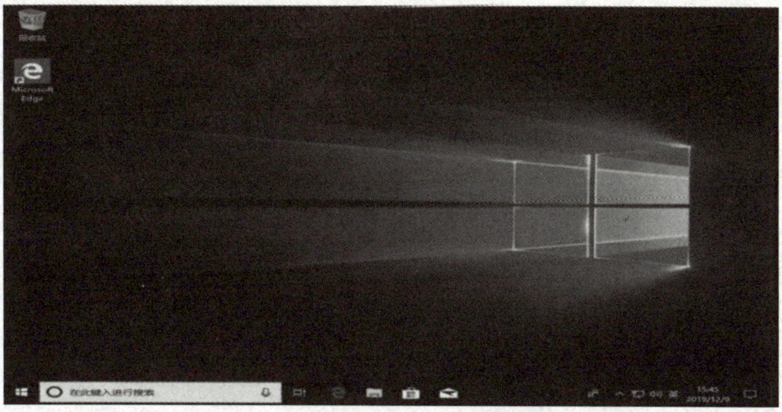

图 1.2.13 安装完成后登录系统

# 实训二 Windows 10 基本操作

## 一、实训目的

（1）熟练掌握 Windows 10 的启动和退出。

（2）掌握文件（夹）的建立、打开、选定、复制、移动、删除和重命名。

（3）掌握压缩和解压缩文件（夹）。

（4）掌握回收站的使用、掌握文件（夹）属性的设置。

## 二、实训内容

（1）启动 Windows 10 操作系统。

（2）在 D 盘建立名为“学号姓名”的学生文件夹。

（3）将 C 盘 Windows\zh-CN 文件夹中的所有文件复制到学生文件夹中。

（4）在学生文件夹中新建一个名为 WIN1 的文件夹，将学生文件夹中所有文件（不包括文件夹）移动到 WIN1 文件夹中。

（5）在 WIN1 文件夹中新建一个名为 XM.txt 的文本文档，内容为“学生姓名：王红”。

（6）将 XM.txt 重命名为 XS.txt。

（7）在学生文件夹中利用“画图”程序建立一个名为 TU1.png 的文件，内容为填充色为红色的椭圆，边框为蓝色，并将其压缩为 TU1.zip 文件。

（8）将 TU1. zip 文件解压缩到 WIN1 文件夹中。

（9）删除学生文件夹中的 TU1. png 文件，并将 TU1. zip 文件属性改为只读。

## 三、实训步骤

（1）启动 Windows 10 操作系统。

① 打开显示器电源开关。

② 打开主机电源开关。

③ 等待数秒后，屏幕出现 Windows 10 的桌面，表示启动成功。

（2）在 D 盘建立名为“学号姓名”的学生文件夹。

打开“此电脑”窗口，选择 D 盘，单击“主页”→“新建”→“新建文件夹”按钮，输入新文件夹的名称“学号姓名”，然后按【Enter】键。

（3）将 C 盘 Windows\zh-CN 文件夹中的所有文件复制到学生文件夹中。

① 打开 C: Windows\zh-CN 文件夹。

② 选择“主页”→“选择”→“全部选择”命令，或按【Ctrl + A】组合键，选定所有文件，如图 1.2.14 所示。

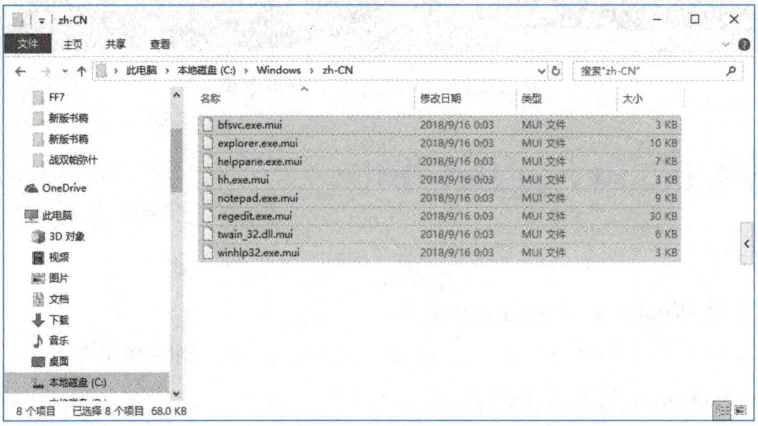

图 1.2.14　全选文件

③ 选择“主页”→“剪贴板”→“复制”命令（或右击选定的文件，在弹出的快捷菜单中选择“复制”命令）。

④ 双击打开学生文件夹。

⑤ 选择“主页”→“剪贴板”→“粘贴”命令（或在空白处右击，在弹出的快捷菜单中选择“粘贴”命令），把 zh-CN 文件夹内的所有文件复制到学生文件夹中。

（4）在学生文件夹中新建一个名为 WIN1 的文件夹，将学生文件夹中所有文件（不包括文件夹）移动到 WIN1 文件夹中。

① 双击打开学生文件夹。

② 选择“主页”→“新建”→“新建文件夹”命令，输入子文件夹名称 WIN1，按【Enter】键确定。

③ 按住【Shift】键，然后再单击第一个和最后一个文件。

④ 单击“主页”→“剪贴板”→“剪切”按钮。

⑤ 双击打开 WIN1 文件夹，单击“主页”→“剪贴板”→“粘贴”按钮。

（5）在 WIN1 文件夹中新建一个名为 XM.txt 的文本文档，内容为“学生姓名：王红”。

① 双击打开 WIN1 文件夹。

② 在右窗格的空白处右击，弹出快捷菜单，选择“新建”→“文本文档”命令，如图 1.2.15 所示，出现一个临时名为“新建文本文档”的文件，并且该名字处于编辑状态，输入文件名称

XM.txt，单击窗口空白处或按【Enter】键确定。

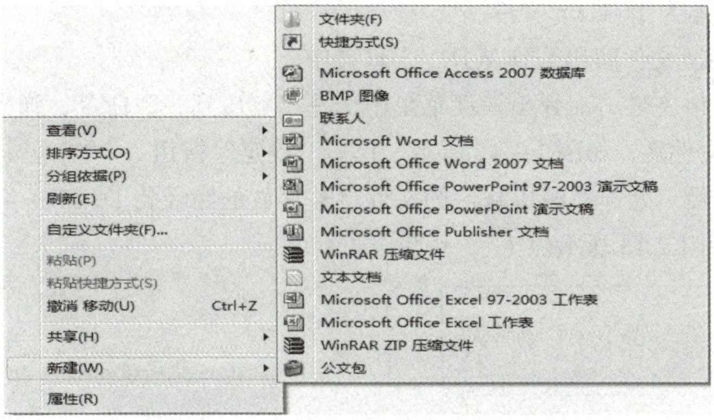


图 1.2.15 “文本文档”命令

③ 双击打开 XM.txt 文件，输入文件内容“学生姓名：王红”。

④ 内容输入完毕后，单击标题栏上的“关闭”按钮，存盘退出。

（6）将 XM.txt 重命名为 XS.txt。

① 右击 XM.txt，在弹出的快捷菜单中选择“重命名”命令。

② 此时 XM.txt 文件的名称成为蓝色显示状态，并出现光标，输入新的名称 XS.txt。

③ 单击窗口空白处或按【Enter】键确定。

（7）在学生文件夹中利用“画图”程序建立一个名为 TU1.png 的文件，内容为填充色为红色的椭圆，边框为蓝色，并将其压缩为 TU1.zip 文件。

① 选择“开始”→“画图 3D”命令，启动画图软件。

② 单击“2D 形状”里的“圆”工具，按住鼠标左键在画图区域内拖动，画出椭圆。

③ 单击“填充”→“红色”。

④ 单击“线型”→“蓝色”。

⑤ 选择“菜单”→“保存”命令，弹出“另存为”对话框，选择存储位置为“D:\01 王红”，文件名为 TU1.png，保存类型为 PNG(*.png)，然后单击“保存”按钮退出画图软件，如图 1.2.16 所示。

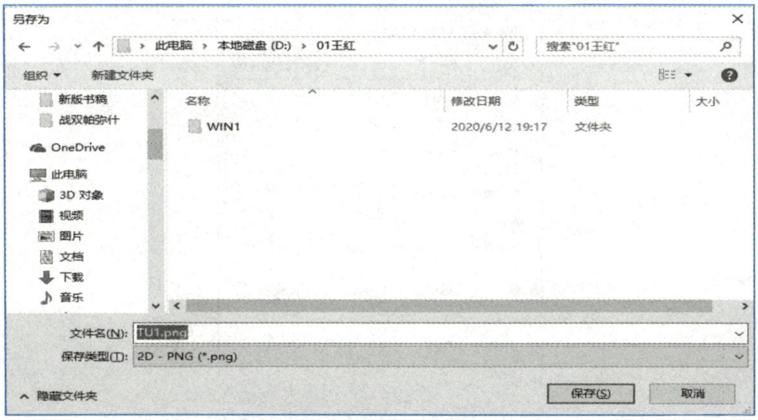


图 1.2.16 “另存为”对话框

⑥ 在学生文件夹内，右击 TU1. png 文件，在弹出快捷菜单中选择“添加到‘TU1. zip’”命令，将 TU1. png 压缩为 TU1.zip 文件。

（8）将 TU1. zip 文件解压缩到 WIN1 文件夹中。

① 右击 TU1. zip 文件，在弹出快捷菜单中选择“解压到…”命令，弹出“浏览文件夹”对话框，选中 WIN1 文件夹，如图 1.2.17 所示，单击“确定”按钮。

② 在“目标路径”处选择解压缩后的文件将被存放的路径为 D:\01 王红 \WIN1，单击“立即解压”按钮，如图 1.2.18 所示。

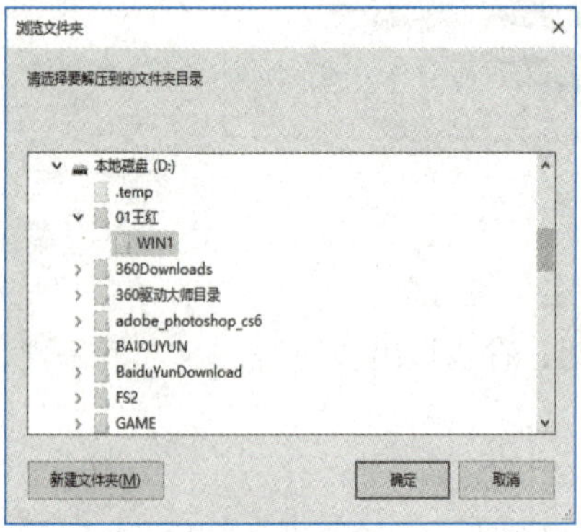


图 1.2.17 “浏览文件夹”对话框

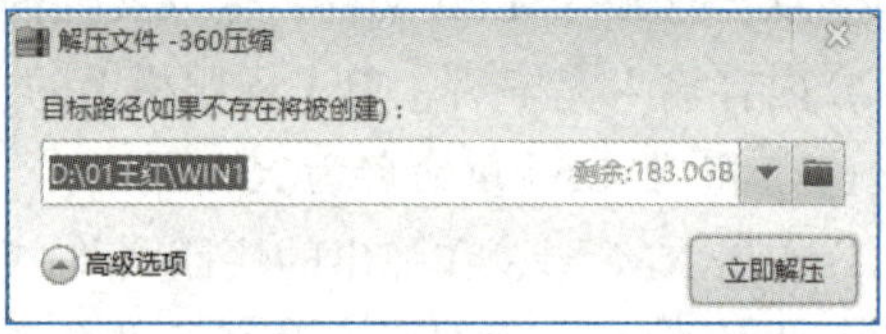


图 1.2.18 目录路径对话框

（9）删除学生文件夹中的 TU1. png 文件，并将 TU1. zip 文件属性改为只读。

① 选择学生文件夹中的 TU1. png 文件。

② 右击，在弹出的快捷菜单中选择“删除”命令。

③ 将鼠标指针指向 TU1. zip 文件，右击，弹出快捷菜单，选择“属性”命令，弹出“TU1. zip. 属性”对话框。

④ 选择“常规”选项卡，勾选“只读”复选框，单击“确定”按钮，如图 1.2.19 所示。

图 1.2.19 “TU1.zip 属性”对话框

# 实训三 系统属性及账户管理

## 一、实训目的

（1）设置系统日期和时间。

（2）查看系统属性。

（3）掌握卸载软件的一般方法。

（4）打开和关闭 Windows 10 组件。

（5）设置账户密码和简单管理账户。

## 二、实训内容

（1）在没有与 Internet 联网的情况下调整系统日期和时间。

（2）查看一台计算机的 CPU、内存容量等情况。

（3）从“开始”菜单和控制面板中卸载软件。

（4）开启 Windows 10 的 IIS 功能。

（5）创建管理员密码，关闭来宾账户。

## 三、实训步骤

### 1. 设置日期和时间时钟

（1）可以通过控制面板找到设置时间的入口，或右击右下角显示的时钟，在快捷菜单中选择“调整日期 / 时间”命令，如图 1.2.20 所示，弹出图 1.2.21 所示的“日期和时间”窗口。

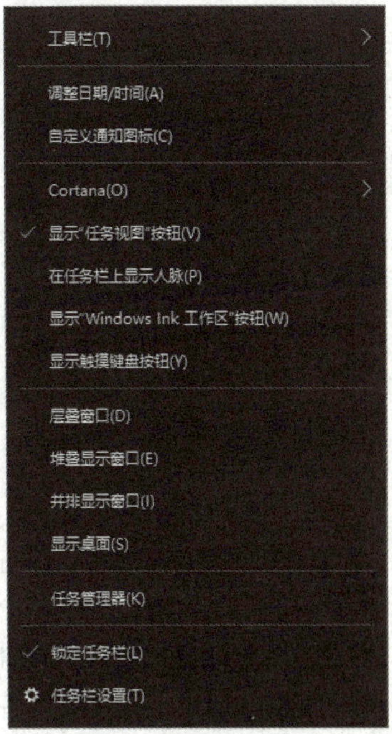


图 1.2.20 系统时钟

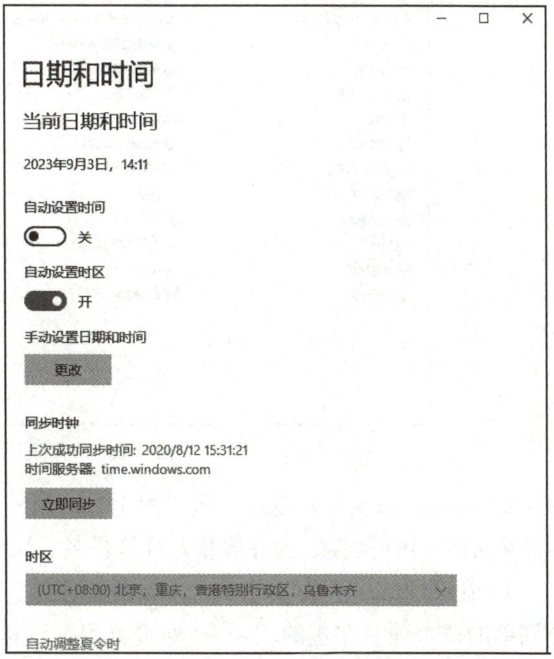


图 1.2.21 “日期和时间”窗口

（2）在“日期和时间”窗口，关闭“自动设置时间”，单击下方“手动更改日期和时间”下的“更改”按钮，在弹出的对话框中更改具体的日期和时间值，如图 1.2.22 所示。

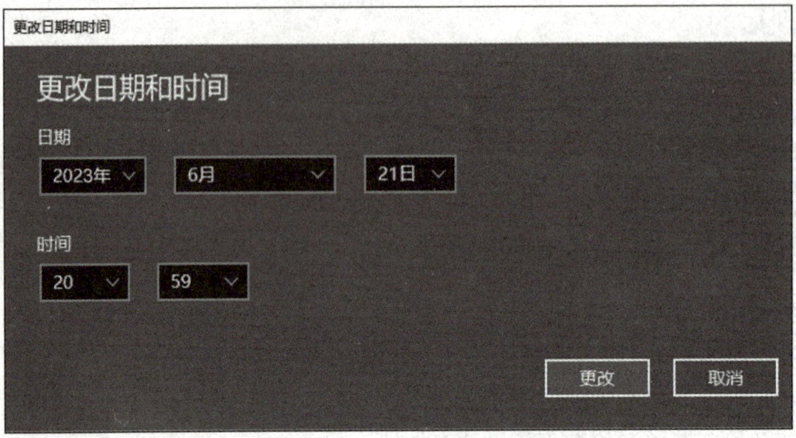


图 1.2.22　更改日期和时间

## 2. 查看系统属性

（1）打开“控制面板”窗口，如图 1.2.23 所示。

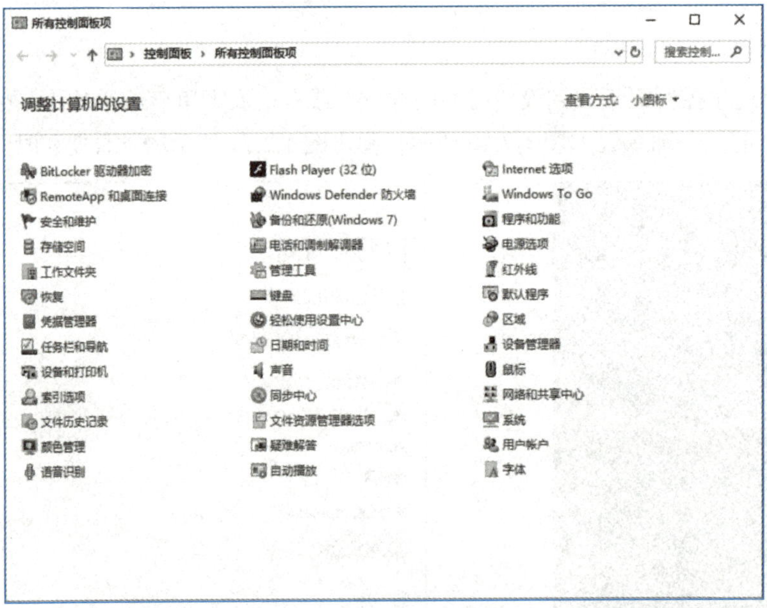


图 1.2.23　“控制面板”窗口

（2）单击“系统”超链接，进入图 1.2.24 所示的“系统”窗口，拖动垂直滚动条，即可看到本计算机的 CPU 类型、内存容量及计算机名、操作系统版本等信息。

（3）在图 1.2.24 左窗格中单击“设备管理器”超链接，打开“设备管理器”窗口，在窗口中分别单击每个项目左边的“>”，即可看到本计算机显卡、网卡、声卡和 CPU 等主要设备型号的基本情况，如图 1.2.25 所示。

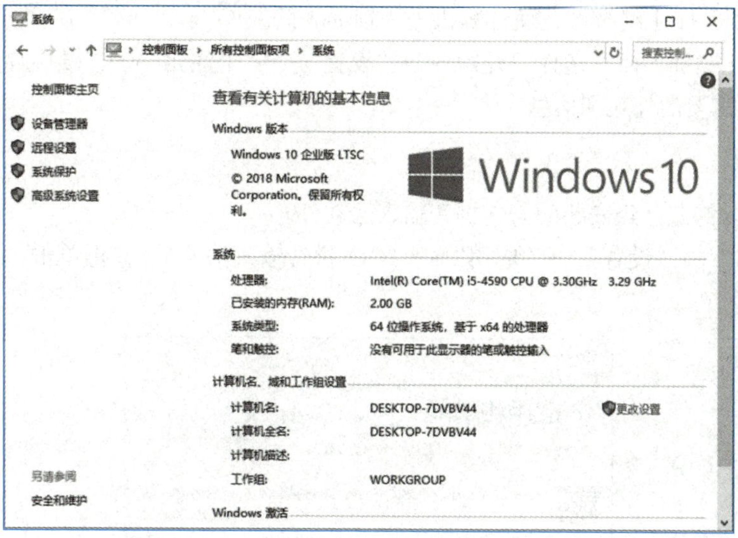

图 1.2.24 “系统”窗口

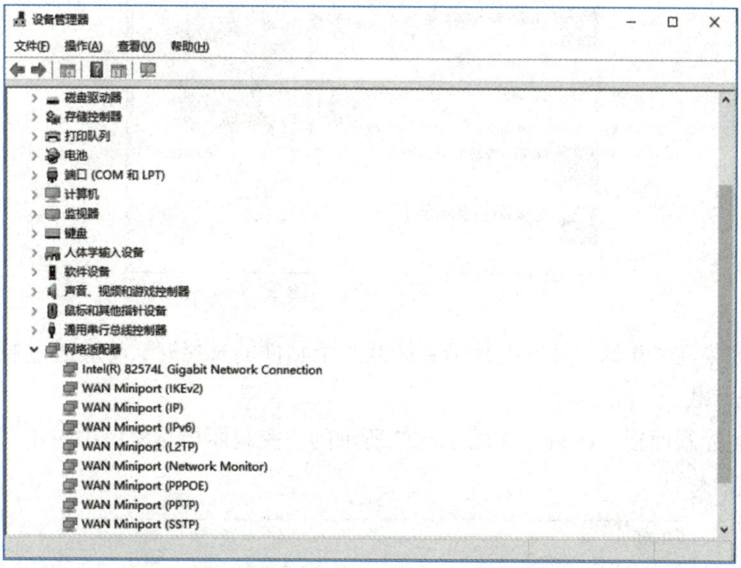

图 1.2.25 “设备管理器”窗口

（4）使计算机保持最新状态。获取最新功能和安全更新，依次选择“开始”→“设置”→“更新和安全”→“Windows 更新”→“检查更新”选项，查看是否有新更新。若要选择方便的时间以应用更新，则选择“更改使用时段”以开始使用。

（5）若要帮助保护计算机免遭安全威胁，请依次选择“开始”→“设置”→“更新和安全”→“Windows 安全”→“病毒和威胁防护”选项，然后选择“快速扫描”选项，通过扫描计算机来查明是否存在异常情况。

（6）帮助保护计算机的安全。人们在使用计算机的时候难免会遇到中途离开的情况，可能就是一小会儿，此时不想关机，也不想让别人在此期间操作自己的计算机，在离开计算机之前，按【Windows 徽标 +L】组合键，使计算机进入锁屏界面。

（7）个性化锁屏界面。选择“开始”→“设置”→“个性化”→“锁屏界面”选项，然后更改设置以获得需要的外观和信息。

### 3．卸载程序

【例 2-1】要卸载已经安装的 QQ 拼音输入法软件。

选择“开始”→“设置”→“应用”→“QQ 拼音输入法 6.5”，再单击“卸载”按钮，如图 1.2.26 所示。

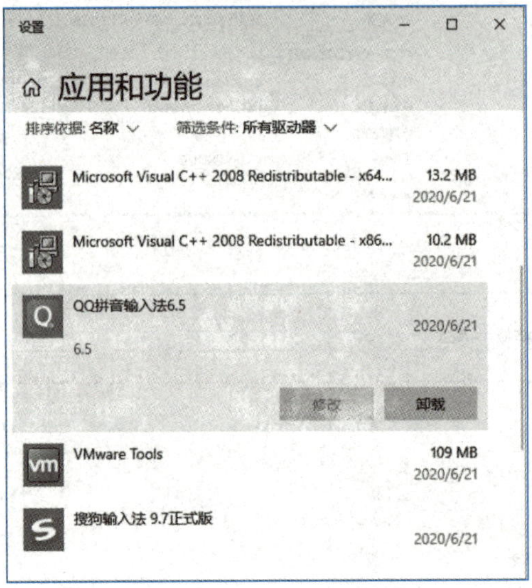


图 1.2.26　卸载 QQ 拼音输入法软件

【例 2-2】如果在“开始”菜单中找不到卸载某个软件的选择时，就应通过控制面板中的“卸载程序”来实现卸载。

（1）打开“控制面板”窗口，在图 1.2.27 所示的“控制面板”窗口中单击“程序”下的“卸载程序”超链接。

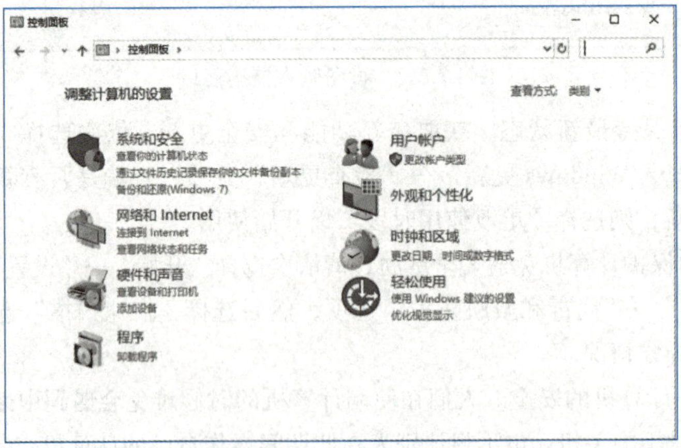


图 1.2.27　控制面板

（2）窗口切换成图 1.2.28 所示，选中要卸载的软件“QQ 拼音输入法 6.5”，然后单击上面的“卸载 / 更改”按钮，根据提示进行卸载。

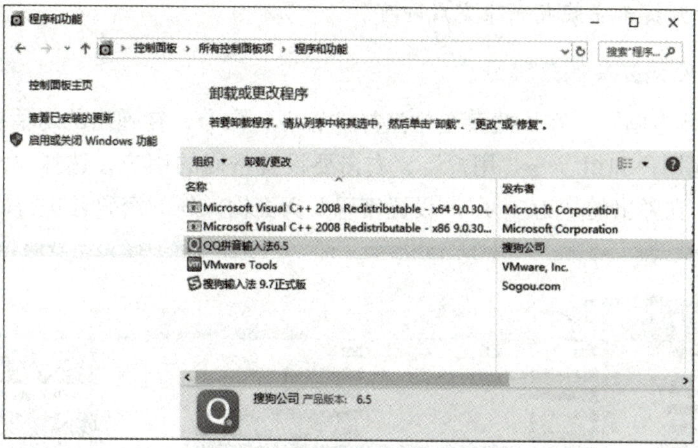


图 1.2.28 卸载或更改程序窗口

## 4. 打开或关闭 Windows 功能

【例 2-3】开启 IIS 功能。

（1）打开图 1.2.28 所示的窗口，单击“启用或关闭 Windows 功能”超链接，弹出图 1.2.29 所示的“Windows 功能”对话框。

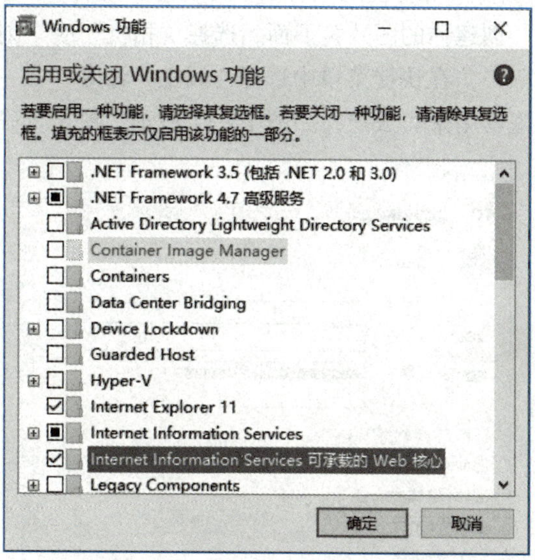


图 1.2.29 “Windows 功能”对话框

（2）拖动垂直滚动条，找到“Internet Information Services 可承载的 Web 核心”组件，选中组件左边的复选框。

（3）单击“确定”按钮。

（4）关闭打开的各个窗口或对话框。

**注意：**

如果要打开某个功能，就选中其左边的复选框；如果取消选中某个复选框，就是关闭该功能组件。稍后会看到提示安装或删除完成即可。

### 5. 创建账户密码并关闭来宾账户

（1）右击“此电脑”，在快捷菜单中选择“管理”命令，在弹出的对话框中依次展开“系统工具”→“本地用户和组”→“用户”，右击要设置密码的用户，选择“设置密码”命令，如图 1.2.30 所示。在弹出的“为 ××× 设置密码”页面输入新的密码并进行确认。

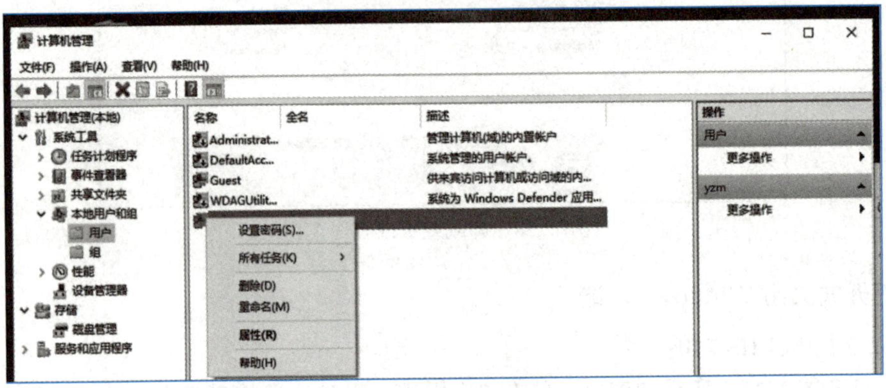


图 1.2.30　计算机管理

（2）在登录屏幕、“开始”菜单上等为账户显示头像。选择“开始”→“设置”→“账户”→“你的信息”选项。在“创建你的图片”下面，选择“相机”或“浏览以获取一张图片”。

（3）右击“Guest”账户，在快捷菜单中选择“属性”命令，在“Guest 属性”对话框中，勾选“账户已禁用”复选框禁用来宾账户，如图 1.2.31 所示，单击“确定”按钮。

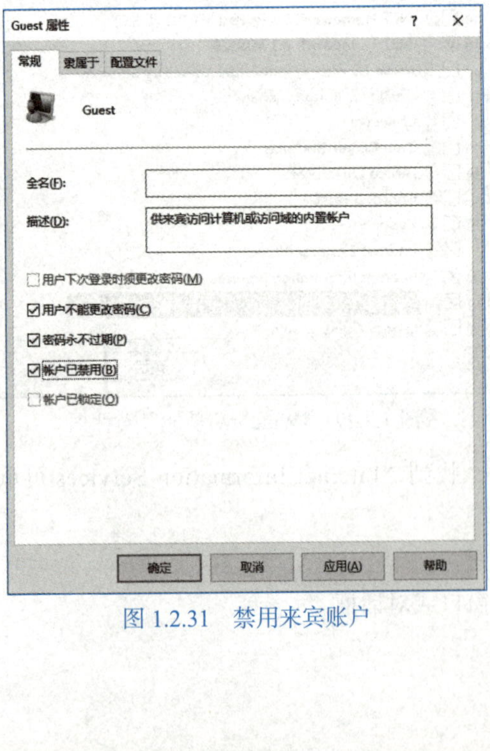


图 1.2.31　禁用来宾账户

# 项目三 Word 2016 文字处理软件及应用

## 实训一 Word 2016 基本操作

### 一、实训目的

（1）掌握 Word 2016 的启动和退出。

（2）熟练掌握 Word 2016 文档的创建、保存、关闭和打开。

（3）熟练掌握 Word 2016 文档的编辑方法。

### 二、实训内容

（1）启动 Word 2016，认识窗口的组成。

（2）进入文本编辑状态，输入以下文本内容：

黄山是中华十大名山之一，天下第一奇山。位于安徽省南部黄山市境内，有 72 峰，主峰莲花峰海拔 1 864 m，与光明顶、天都峰并称三大黄山主峰，为 36 大峰之一。黄山是安徽旅游的标志，是中国十大风景名胜唯一的山岳风光。现为世界文化与自然双重遗产，世界地质公园，国家 AAAAA 级旅游景区，国家级风景名胜区，全国文明风景旅游区示范点。

（3）以“WSX1+ 学号 .docx”为文件名保存在自己的文件夹中，并关闭该文档。

（4）打开所建立的“WSX1+ 学号 .docx”文件，在文本的最前面插入一段标题文字“黄山”。

（5）将文档视图分别切换成阅读视图、大纲视图、Web 版式视图或页面视图，并观察。

（6）新建一个名“WSX1+ 学号”的文件夹。

（7）将“WSX1+ 学号 .docx”文件以同名文件另存到“WSX1+ 学号”文件夹中。

（8）以“黄山”为名，将“WSX1+ 学号 .docx”文件另存到“WSX1+ 学号”文件夹中。

### 三、实训步骤

（1）启动 Word 2016，认识窗口的组成。

① 选择“开始”中的 Office Word 2016 命令，启动 Word 2016，如图 1.3.1 所示。

图 1.3.1 启动 Word 2016

② 观察 Word 2016 的窗口组成，如图 1.3.2 所示。

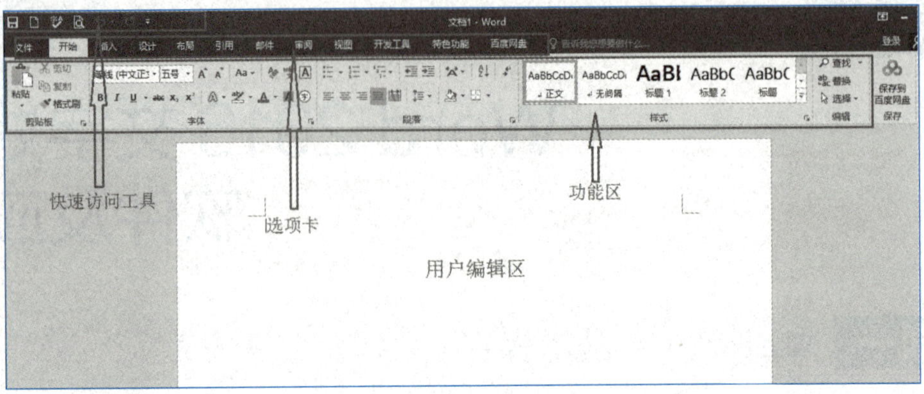


图 1.3.2　Word 2016 窗口

（2）进入文本编辑状态，输入以下文本内容。

黄山是中华十大名山之一，天下第一奇山。位于安徽省南部黄山市境内，有 72 峰，主峰莲花峰海拔 1 864 m，与光明顶、天都峰并称三大黄山主峰，为 36 大峰之一。黄山是安徽旅游的标志，是中国十大风景名胜唯一的山岳风光。现为世界文化与自然双重遗产，世界地质公园、国家 AAAAA 级旅游景区、国家级风景名胜区、全国文明风景旅游区示范点。

在空白文档的插入点输入相关内容。如果在 Word 运行过程中，还需要创建另外一个或多个新文档，则可以用下列操作方法：

按【Ctrl+N】组合键，或选择“文件”→“新建”命令，此时屏幕出现可用模板界面，如图 1.3.3 所示。双击“空白文档”，即可创建一个空白的新文档。

图 1.3.3　可用模板界面

（3）以“WSX1+ 学号 .docx”为文件名保存在自己的文件夹中，并关闭该文档。

① 选择“文件”→“保存”命令，单击“浏览”按钮，打开“另存为”对话框，如图 1.3.4 所示。

② 选择需要保存的驱动器及文件夹。在“文件名”列表框中输入文件名“WSX1+学号”，单击“保存”按钮。

③ 选择“文件”→“关闭”命令，关闭当前文档。

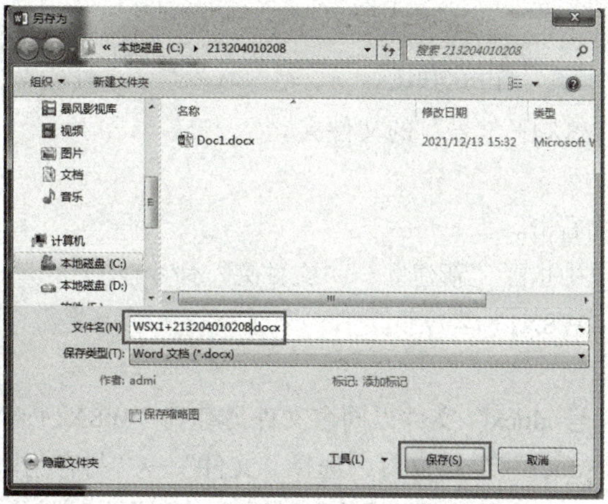


图 1.3.4 “另存为”对话框

（4）打开所建立的“WSX1+学号.docx”文件，在文本的最前面插入一段标题文字“黄山”。

① 启动 Word 2016。

② 单击选择“文件”→“打开”命令，单击“浏览”按钮，打开“打开”对话框，如图 1.3.5 所示。

③ 选择要打开文档的驱动器和文件夹。

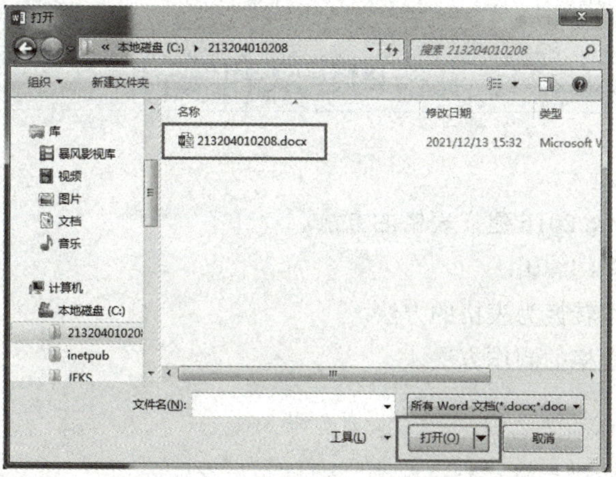


图 1.3.5 “打开”对话框

④ 在文件列表中选定所需的文档“WSX1+学号.docx”，单击“打开”按钮。

⑤ 将光标定位在文本最首位置，输入标题文字。

⑥ 按【Enter】键，产生段落。

（5）将文档视图分别切换成阅读视图、大纲视图、Web 版式视图或页面视图，并观察。

各种视图的切换可在“视图”选项卡中单击相应按钮实现（见图 1.3.6），也可以通过单击文档窗口右下方的“视图切换区”中的按钮来实现，如图 1.3.7 所示。

图 1.3.6 “视图”组中的按钮

图 1.3.7 “视图切换区”中的按钮

（6）新建一个名“WSX1+学号”的文件夹。

① 打开 E 盘驱动器。

② 在窗口的空白位置右击。

③ 在弹出的快捷菜单中选择“新建”→“文件夹”命令。

④ 输入文件夹名称“WSX1+学号”。

⑤ 按【Enter】键。

（7）将“WSX1+学号.docx”文件以同名文件另存到“WSX1+学号”文件夹中。

① 在“WSX1+学号.docx”文档窗口，选择“文件”→“另存为”命令。

② 单击“浏览”按钮，在打开的“另存为”对话框中选择驱动器及“WSX1+学号”文件夹。

③ 单击“保存”按钮。

（8）以“黄山”为名，将“WSX1+学号.docx”文件另存到“WSX1+学号”文件夹中。

① 在“WSX1+学号.docx”文档窗口，选择“文件”→“另存为”命令。

② 单击“浏览”按钮，在打开的“另存为”对话框中选择E盘驱动器“WSX1+学号”文件夹，输入文件名“黄山”。

③ 单击“保存”按钮。

# 实训二 Word 2016 表格的建立和编辑

## 一、实训目的

（1）熟练掌握 Word 2016 建立表格的方法。

（2）熟练掌握表格的编辑。

（3）熟练掌握文本转换为表格的方法。

（4）掌握不规则表格的制作方法。

## 二、实训内容

（1）在 D 盘下建立学生文件夹，名为“学号 + 姓名”。

（2）新建 Word2.docx 文档，完成如下操作：

① 创建标准表。

a．建立图 1.3.8 所示表格。

b．将各单元格内所有数据设置为楷体、五号，居中对齐。

c．将表格第 1 列宽度调整为 2 cm，其余各列调整为 1.5 cm，所有行高调整为 1 cm，并将表格居中。

d．将表格外边框设置为红色双线框，宽度为 1.5 磅，内边框为蓝色细实线，宽度为 1 磅，并给整个表格加上浅绿色底纹。

② 创建自由表格，内容如图 1.3.9 所示。

各车间机器生产总表

| 车间 | 1季度 | 2季度 | 3季度 | 4季度 |
|---|---|---|---|---|
| 一车间 | 60 | 70 | 65 | 75 |
| 二车间 | 65 | 65 | 70 | 65 |
| 三车间 | 76 | 66 | 55 | 76 |
| 四车间 | 73 | 57 | 67 | 66 |

图 1.3.8　创建标准表

| 科目 / 姓名 | 语文 | 数学 | 英语 | 计算机 | 体育 |
|---|---|---|---|---|---|
| 王红 | 80 | 90 | 85 | 90 | 90 |
| 蒋明 | 87 | 78 | 86 | 86 | 78 |
| 备注： | | | | | |

图 1.3.9　创建自由表格

③ 文本转换为表格。

a．在文章末尾另起一段插入 BG.docx 文件。

b．将插入的文本文字转换为一个 3 行 5 列的表格。

c．在最后一列的右边插入一列，内容为：实发，5729，5860。

d. 在第一行的上边插入一行，将这行的单元格合并，并输入“职工工资表”，水平居中对齐。

e．将表格内所有数字右对齐，将第二行文字设置为楷体、小四号、加粗。

f．将表格的第一行底纹设置成茶色底纹。

（3）存盘退出。

## 三、实训样式

实训样式如图 1.3.10 所示。

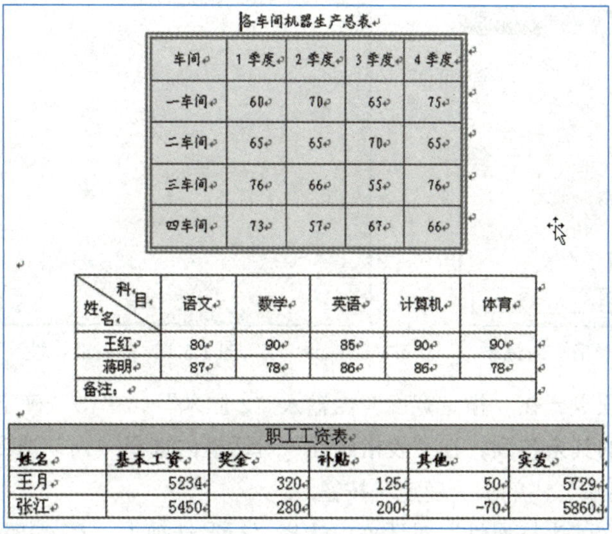

各车间机器生产总表

| 车间 | 1 季度 | 2 季度 | 3 季度 | 4 季度 |
|---|---|---|---|---|
| 一车间 | 60 | 70 | 65 | 75 |
| 二车间 | 65 | 65 | 70 | 65 |
| 三车间 | 76 | 66 | 55 | 76 |
| 四车间 | 73 | 57 | 67 | 66 |

| 科目 / 姓名 | 语文 | 数学 | 英语 | 计算机 | 体育 |
|---|---|---|---|---|---|
| 王红 | 80 | 90 | 85 | 90 | 90 |
| 蒋明 | 87 | 78 | 86 | 86 | 78 |
| 备注： | | | | | |

| 职工工资表 | | | | | |
|---|---|---|---|---|---|
| 姓名 | 基本工资 | 奖金 | 补贴 | 其他 | 实发 |
| 王月 | 5234 | 320 | 125 | 50 | 5729 |
| 张江 | 5450 | 280 | 200 | -70 | 5860 |

图 1.3.10　实训样式

## 四、实训步骤

（1）在 D 盘下建立学生文件夹，名为“学号 + 姓名”。

打开 D 盘并右击，选择“新建”→“文件夹”命令，输入文件夹名字。

（2）新建 Word2.docx 文档，完成如下操作：

① 创建标准表。

a. 建立如下表格。

- 输入标题“各车间机器生产总表”。
- 选择“插入”→“表格”→“表格”→“插入表格”命令。
- 出现“插入表格”对话框，输入表格的行数和列数，单击“确定”按钮，如图 1.3.11 所示。
- 将光标移至表格的单元格内，逐一输入表格内容。

b. 将各单元格内所有数据设置为楷体、五号，居中对齐。

- 选定整个表格，单击“开始”选项卡“字体”组中的“字体”和“字号”下拉按钮，选择“楷体”和“五号”。
- 选定整个表格，在“表格工具 / 布局”选项卡“对齐方式”组中单击“居中对齐”按钮。

c. 将表格第 1 列宽度调整为 2 厘米，其余各列调整为 1.5 厘米，所有行高调整为 1 厘米，并将表格居中。

- 将光标定位到表格第 1 列的任意单元格内并右击，在弹出的快捷菜单中选择“表格属性”命令，出现“表格属性”对话框，如图 1.3.12 所示。

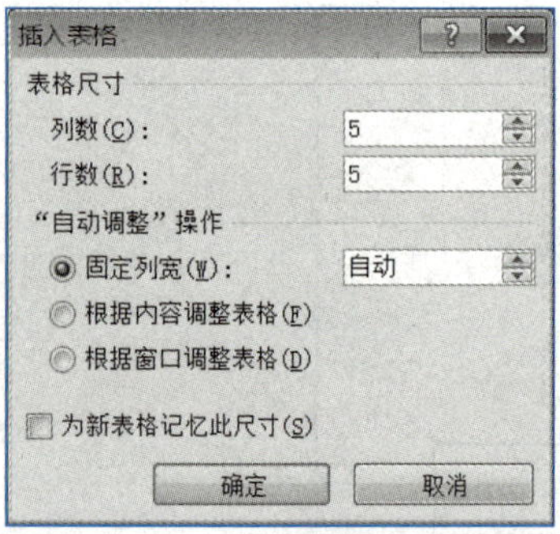


图 1.3.11 “插入表格”对话框

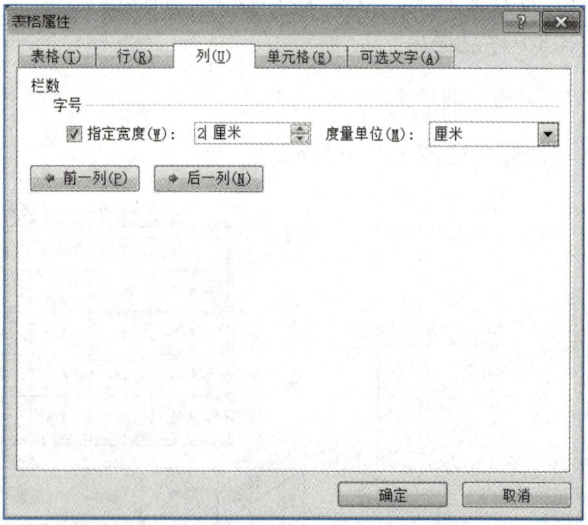


图 1.3.12 “表格属性”对话框

- 选择“列”选项卡，在“指定宽度”内输入“2 厘米”，单击“确定”按钮。
- 选定除第 1 列的其余各列，在“表格属性”对话框内选择“列”选项卡，在“指定宽度”内输入“1.5 厘米”，单击“确定”按钮。
- 选定所有行，在“表格属性”对话框内选择“行”选项卡，在“指定宽度”内输入“1 厘米”，单击“确定”按钮。

• 将光标定位到表格标题，单击“格式”工具栏的“居中对齐”按钮；选定整个表格，在“表格工具 / 布局”选项卡“对齐方式”组中单击居中对齐按钮。

d. 将表格外边框设置为红色双线框，宽度为 1.5 磅，内边框为蓝色细实线，宽度为 1 磅，并给整个表格加上浅绿色底纹。

• 将光标定位到表格的任意单元格内并右击，在弹出的菜单中选择“表格属性”命令，在“表格属性”对话框内选择“表格”选项卡，单击“边框和底纹”按钮，出现“边框和底纹”对话框，如图 1.3.13 所示。

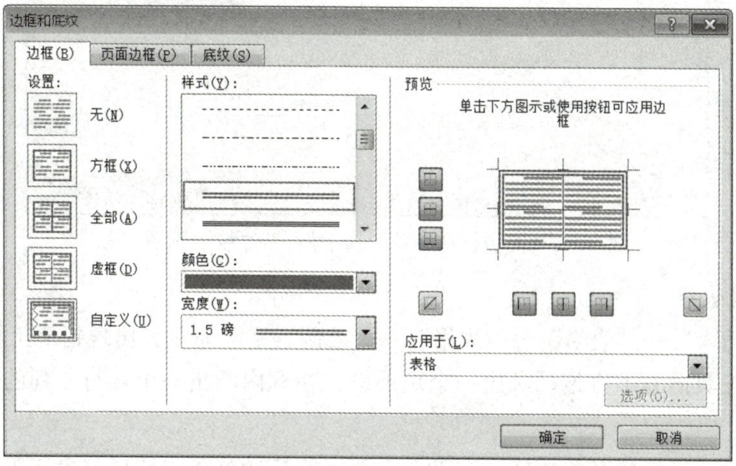


图 1.3.13 “边框和底纹”对话框

• 选择“边框”选项卡，在“设置”下选择“自定义”，在“样式”下拉列表中选择“双线”，在“颜色”下拉列表中选择“红色”，在“宽度”下拉列表中选择“1.5 磅”，单击预览窗口表格的外部。

• 在“样式”下拉列表中选择“单实线”，在“颜色”下拉列表中选择“蓝色”，在“宽度”下拉列表中选择“1.0 磅”，如图 1.3.14 所示，单击预览窗口表格的内部。

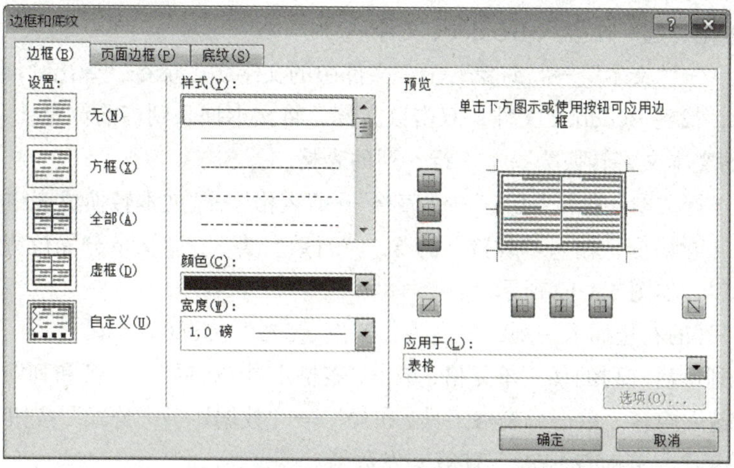


图 1.3.14 “边框和底纹”对话框（“边框”选项卡）

• 在“边框和底纹”对话框中，选择“底纹”选项卡，在“填充”下拉列表中选择“浅绿”，单击“确定”按钮，如图 1.3.15 所示。

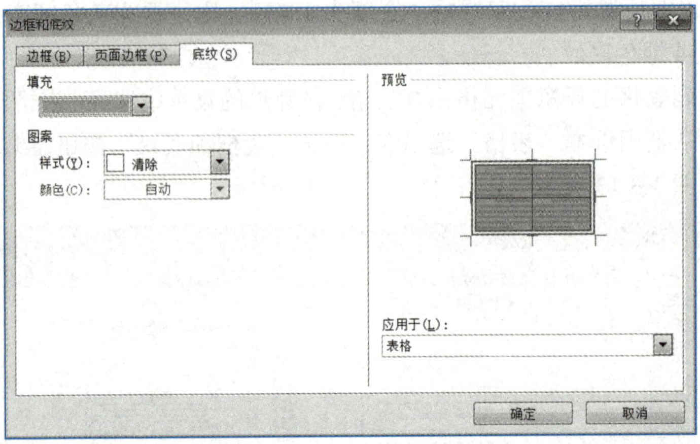


图 1.3.15 “边框和底纹”对话框（“底纹”选项卡）

② 创建自由表格。

a．单击“插入”→“表格”→“表格”→“绘制表格”命令，出现铅笔工具。

b．用铅笔工具向右下方拖动画出一个矩形框，在框内画出一个 4 行 6 列的表格，调整合适的行高和列宽。

c．选定最后一行的所有单元格，右击，在弹出的快捷菜单中选择“合并单元格”命令，将最后一行合并为一格。

d. 将光标定位到第一行的第一个单元格，单击“表格工具 / 设计”→“边框”→“边框”→“下框线”按钮，即可绘制斜线。单击“插入”→“文本”→“文本框”按钮，在文本框中输入“科目”，在另一个文本框中输入“姓名”。

e．输入各单元格的内容，调整单元格内文本的对齐方式。

③ 文本转换为表格。

a．在文章末尾另起一段插入 BG.docx 文件。

单击“插入”→“文本”→“对象”→“文件中的文字…”命令，弹出“插入文件”窗口，如图 1.3.16 所示，找到 BG.docx 文件，双击该文件，将文本插入到当前位置。

b．将插入的文本文字转换为一个 3 行 5 列的表格。

选定插入的 3 行文本，单击“插入”→“表格”→“表格”→“文本转换成表格”命令，出现“将文字转换成表格”对话框，输入“列数”为 5，“行数”为 3，“文字分隔位置”为“逗号”，单击“确定”按钮，如图 1.3.17 所示。

c．在最后一列的右边插入一列，内容为：实发，5729，5860。

将光标定位到最后一列的任一单元格，单击“表格工具 / 布局”→“行和列”→“在右侧插入”按钮，在单元格输入内容。单击“表格工具 / 布局”→“数据”→“公式”按钮，在打开的“公式”对话框中输入“ = SUM(LEFT)”计算实发数值。

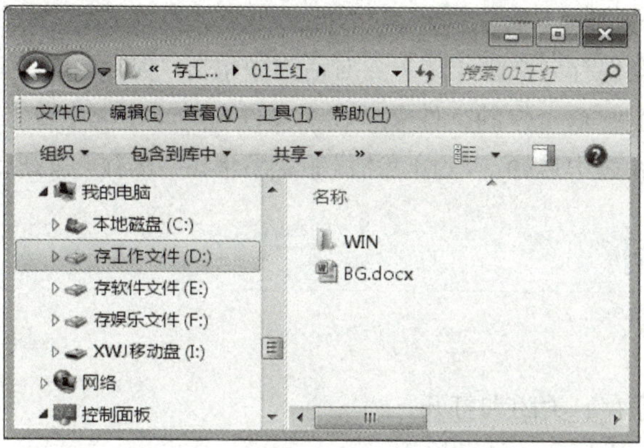


图 1.3.16 “插入文件”窗口

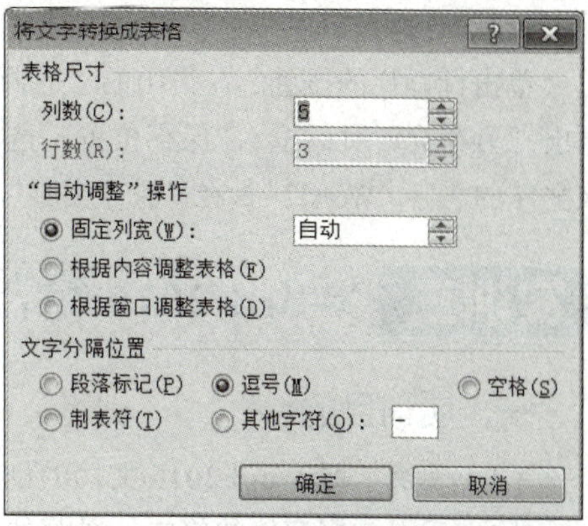


图 1.3.17 “将文字转换成表格”对话框

d. 在第一行的上边插入一行，将这行的单元格合并，并输入“职工工资表”，水平居中对齐。

将光标定位到第一行的任一单元格，单击“表格工具 / 布局”→“行和列”→“在上方插入”按钮，输入单元格内容。在第一行的第一个单元格输入“职工工资表”，选定第一行的所有单元格，单击“表格工具 / 布局”→“合并”→“合并单元格”按钮，将第一行合并为一格，单击“表格工具 / 布局”→“对齐方式”中的“水平居中对齐”按钮 。

e. 将表格内所有数字右对齐，将第二行文字设置为楷体、小四号、加粗。

选定表格内所有数字，单击“表格工具 / 布局”→“对齐方式”中的“中部右对齐”按钮；选定第二行的所有文字，单击“开始”选项卡中的“字体”和“字号”下拉按钮，选择“楷体”和“小四号”，并单击“加粗”按钮。

f. 将表格的第一行底纹设置为茶色底纹。

选定表格第一行，右击，在弹出的快捷菜单中选择“表格属性”命令，在“表格属性”对话框内选择“表格”选项卡，单击“边框和底纹”按钮，出现“边框和底纹”对话框，选择“底纹”选项卡，在“填充”下拉列表中选择“茶色”，在“应用于”下拉列表中选“单元格”，单击“确定”按钮，如图 1.3.18 所示。

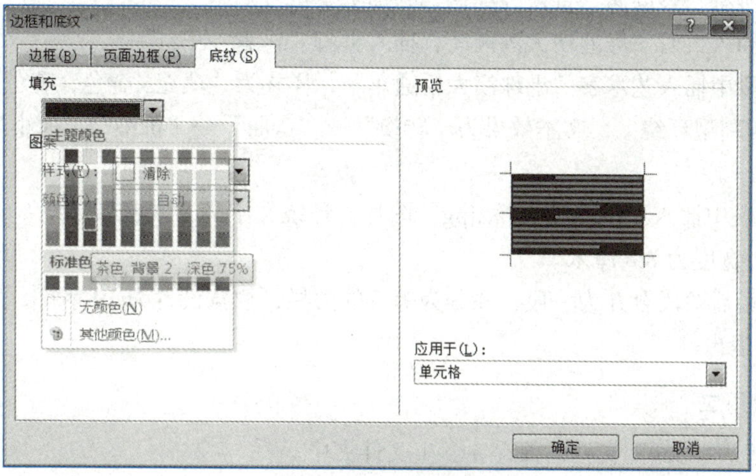


图 1.3.18 “边框和底纹”对话框

（3）存盘退出。

单击标题栏的按钮，在弹出的“是否将更改保存到文档 1 中？”对话框中单击“保存”按钮，弹出“另存为”对话框，“保存位置”选择 D 盘，双击你的文件夹，在“文件名”文本框中输入该文件的名字“Word2”；在“保存类型”下拉列表中选择“Word 文档”；最后单击“保存”按钮。

# 实训三 Word 2016 综合应用

## 一、实训目的

（1）熟练掌握 Word 2016 文档的创建、保存、关闭和打开。

（2）重点掌握字体的修饰、段落的设置、边框和底纹的设置。

（3）掌握创建艺术字、图文混排和页面设置。

（4）了解利用工具栏绘制图形。

## 二、实训内容

### 1. 综合应用一

（1）在 D 盘下建立学生文件夹，名为“学号 + 姓名”。

（2）创建“排版 .docx”文档，保存在学生文件夹中。

① 建立“排版 .docx”文档，插入“粤港澳大湾区 .docx”文件内容。

② 页面设置：设置纸张大小为 16 开，页边距上、下为 2.0 厘米、2.2 厘米，左、右均为 2.0 厘米，页眉距离边界 1.2 厘米，页脚距离边界 1 厘米。

③ 将正文设置为楷体、小四号，各段落设置为首行缩进 2 字符，行距为“1.3 倍行距”。

④ 将标题文字设置为三号、楷体、加粗、居中，段前和段后间距设置为 1 行，并给该段落加上蓝色边框、黄色底纹。

⑤ 设置首字下沉，下沉 2 行，距正文 0.5 厘米。

⑥ 将文中所有“粤港澳”替换为红色、并加上着重号。

⑦ 给文章插入页眉“粤港澳大湾区”，插入页脚“作者：王红”。

⑧ 在第二段中插入艺术字“港珠澳大桥通车”，样式为“填充 - 金色，着色 4，软棱台”，环绕文字为“四周型环绕”，文本效果为“转换”→“弯曲”→“桥型”，大小高度为 2 厘米，宽度为 7 厘米。

⑨ 在第三段中插入“港珠澳大桥 .jpg”图片，环绕文字为“紧密型环绕”，图片大小设置高度为 5 厘米，宽度为 8.8 厘米。

⑩ 将正文最后两段合并为一段，并分为等宽的两栏，栏宽设置为 19 字符，加上分隔线。

（3）存盘退出。

### 2. 综合应用二

创建“课程表 .docx”文档，保存在学生文件夹中。

（1）在文档中建立表格，录入课程信息，如图 1.3.19 所示。

| 课 程 表 | | | | | | |
|---|---|---|---|---|---|---|
| 节次 \ 课程 \ 星期 | | 星期一 | 星期二 | 星期三 | 星期四 | 星期五 |
| 上午 | 1、2节 | C语言 | 大学语文 | Flash | 网络 | Flash |
| | 3、4节 | 网络 | 市场营销 | 英语 | 自习 | Flash |
| 午 休 | | | | | | |
| 下午 | 5、6节 | 体育 | 英语 | C语言 | 数学 | 团日活动 |
| | 7、8节 | 自习 | 选修课 | 选修课 | 选修课 | |
| 晚 自 习 | | | | | | |

图 1.3.19　课程信息

（2）将表格内所有文字居中对齐。

（3）将标题“课程表”设置为宋体、四号、加粗。

（4）将表格第 2 行文字设置为楷体、小四号、加粗，并加上浅绿色底纹。

（5）第 5 ~ 第 8 行文字设置为宋体、五号，存盘退出

### 3．综合应用三

创建个性化“广告 .docx”文档，保存在学生文件夹中。

（1）在“广告 .docx”文档中创建广告，字体、字号、文本位置、图片自定。

（2）页面设置：设置纸张大小为 A4，上、下、左、右页边距均为 2.0 cm。

## 三、实训样式

实训样式如图 1.3.20 ~ 图 1.3.22 所示。

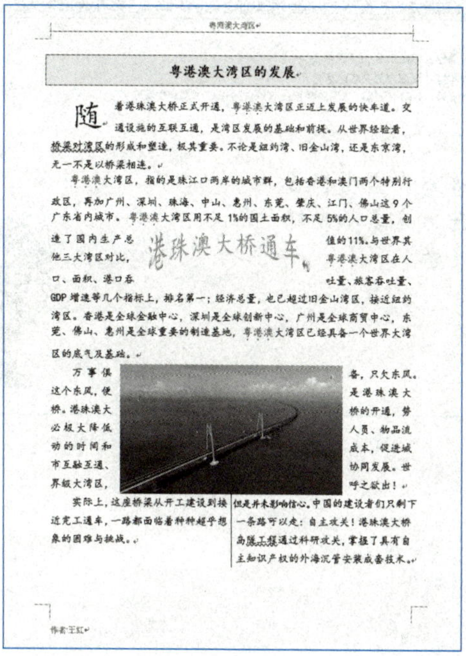

粤港澳大湾区

粤港澳大湾区的发展

随着港珠澳大桥正式开通，粤港澳大湾区正迈上发展的快车道。交通设施的互联互通，是湾区发展的基础和前提。从世界经验看，桥梁对湾区的形成和塑造，极其重要。不论是纽约湾、旧金山湾，还是东京湾，无一不是以桥梁相连。

粤港澳大湾区，指的是珠江口两岸的城市群，包括香港和澳门两个特别行政区，再加广州、深圳、珠海、中山、惠州、东莞、肇庆、江门、佛山这 9 个广东省内城市。粤港澳大湾区用不足 1%的国土面积，不足 5%的人口总量，创造了国内生产总值的 11%。与世界其他三大湾区对比，粤港澳大湾区在人口、面积、港口吞吐量、旅客吞吐量、GDP 增速等几个指标上，排名第一；经济总量，也已超过旧金山湾区，接近纽约湾区。香港是全球金融中心，深圳是全球创新中心，广州是全球商贸中心，东莞、佛山、惠州是全球重要的制造基地，粤港澳大湾区已经具备一个世界大湾区的底气及基础。

港珠澳大桥通车

万事俱备，只欠东风。这个东风，便是港珠澳大桥。港珠澳大桥的开通，势必极大降低人员、物品流动的时间和成本，促进城市互融互通、协同发展。世界级大湾区，呼之欲出！

实际上，这座桥梁从开工建设到接近完工通车，一路都面临着种种超乎想象的困难与挑战。但是并未影响信心。中国的建设者们只剩下一条路可以走：自主攻关！港珠澳大桥岛隧工程通过科研攻关，掌握了具有自主知识产权的外海沉管安装成套技术。

作者:王红

图 1.3.20　综合应用一实训样式

| 课程表 | | | | | | |
|---|---|---|---|---|---|---|
| 课程 星期 节次 | | 星期一 | 星期二 | 星期三 | 星期四 | 星期五 |
| 上午 | 1、2节 | C语言 | 大学语文 | Flash | 网络 | Flash |
| | 3、4节 | 网络 | 市场营销 | 英语 | 自习 | Flash |
| 午 休 | | | | | | |
| 下午 | 5、6节 | 体育 | 英语 | C语言 | 数学 | 团日活动 |
| | 7、8节 | 自习 | 选修课 | 选修课 | 选修课 | |
| 晚 自 习 | | | | | | |

图 1.3.21　综合应用二实训样式

图 1.3.22　综合应用三实训样式

# 项目四 Excel 2016 电子表格处理软件及应用

## 实训一 Excel 2016 的基本操作

### 一、实训目的

（1）熟练掌握 Excel 2016 数据的输入和编辑。

（2）熟练掌握公式和函数的使用。

（3）掌握工作表的数据修饰和格式设置。

### 二、实训内容

（1）在 D 盘下建立学生文件夹，命名为“学号 + 姓名”。

（2）数据的输入及编辑。

① 在学生文件夹下，新建一个名为 ex1.xlsx 的工作簿，Sheet1 工作表内容如图 1.4.1 所示。

| | A | B | C | D | E | F | G | H | I | J |
|---|---|---|---|---|---|---|---|---|---|---|
| 1 | 学生成绩表 | | | | | | | | | |
| 2 | 学号 | 姓名 | 语文 | 数学 | 英语 | 总分 | 平均分 | 有效分 | 等级 | 总分分数差 |
| 3 | 020090010 | 王红 | 88 | 90 | 90 | | | | | |
| 4 | 020090012 | 江明 | 80 | 75 | 85 | | | | | |
| 5 | 020090013 | 张华 | 90 | 85 | 86 | | | | | |
| 6 | 020090014 | 罗长安 | 66 | 75 | 43 | | | | | |
| 7 | 020090015 | 梁丽丽 | 62 | 37 | 54 | | | | | |
| 8 | 020090016 | 马艺玲 | 75 | 48 | 61 | | | | | |
| 9 | 最高分 | | | | | | | | | |
| 10 | 最低分 | | | | | | | | | |

图 1.4.1　Sheet1 工作表

② 在“江明”记录前插入一条新记录，内容为：020090011，李明明，88，78，69。

③ 在“总分”前插入一列“体育”，成绩为：91，86，87，72，66，83，68。

④ 在“学号”前插入一列“序号”，利用填充功能进行输入。

（3）公式及函数的使用。

① 利用“自动求和”按钮求出“总分”。

② 利用函数分别求出每个学生的“平均分”。

③ 利用函数分别求出各门课程的“最高分”。

④ 利用函数分别求出各门课程的“最低分”。

⑤ 利用公式求出“有效分”：有效分 = 语文 ×0.3 + 数学 ×0.3 + 英语 ×0.2 + 体育 ×0.2。

⑥ 利用 IF 函数求出“等级”：总分超过 340 的记为“优秀”，其余记为“合格”。

⑦ 求各学生与第一位学生王红的“总分分数差”。

（4）工作表的编辑和格式化。

① 将标题“合并及居中”，设置字体为隶书、18 号，行高为 25，其余各行设为右对齐，字体为楷体、12 号，行高为 20。

② 将“学号”和“总分分数差”列的列宽设为 10，其余各列设为 8。

③ 将所有数值设置为 1 位小数位数。

④ 给工作表设置表格线，外边框为黑色粗线，内边框为黑色细线，填充浅黄色底纹。

⑤ 将“等级”为“优秀”的显示为红色，“等级”为“合格”的显示为蓝色。

（5）页面设置。

① 设置打印纸张为 A4，纸张方向为横向，上、下页边距为 2.5 cm，左、右页边距为 2 cm，并使报表在水平方向居中打印。

② 预览打印效果。

③ 存盘退出。

## 三、实训样式

实训样式如图 1.4.2 所示。

| | A | B | C | D | E | F | G | H | I | J | K | L |
|---|---|---|---|---|---|---|---|---|---|---|---|---|
| 1 | 学生成绩表 | | | | | | | | | | | |
| 2 | 序号 | 学号 | 姓名 | 语文 | 数学 | 英语 | 体育 | 总分 | 平均分 | 有效分 | 等级 | 总分分数差 |
| 3 | 1 | 020090010 | 王红 | 88.0 | 90.0 | 90.0 | 91.0 | 359.0 | 89.8 | 89.6 | 优秀 | 0.0 |
| 4 | 2 | 020090011 | 李明明 | 88.0 | 78.0 | 69.0 | 86.0 | 321.0 | 80.3 | 80.8 | 合格 | -38.0 |
| 5 | 3 | 020090012 | 江明 | 80.0 | 75.0 | 85.0 | 87.0 | 327.0 | 81.8 | 80.9 | 合格 | -32.0 |
| 6 | 4 | 020090013 | 张华 | 90.0 | 85.0 | 86.0 | 72.0 | 333.0 | 83.3 | 84.1 | 合格 | -26.0 |
| 7 | 5 | 020090014 | 罗长安 | 66.0 | 75.0 | 43.0 | 66.0 | 250.0 | 62.5 | 64.1 | 合格 | -109.0 |
| 8 | 6 | 020090015 | 梁丽丽 | 62.0 | 37.0 | 54.0 | 83.0 | 236.0 | 59.0 | 57.1 | 合格 | -123.0 |
| 9 | 7 | 020090016 | 马艺玲 | 75.0 | 48.0 | 61.0 | 68.0 | 252.0 | 63.0 | 62.7 | 合格 | -107.0 |
| 10 | | 最高分 | | 90.0 | 90.0 | 90.0 | 91.0 | | | | | |
| 11 | | 最低分 | | 62.0 | 37.0 | 43.0 | 66.0 | | | | | |

图 1.4.2　实训样式

## 四、实训步骤

### 1. 建立学生文件夹

打开 D 盘，右击，在快捷菜单中选择“新建”→“文件夹”命令，输入“学号 + 姓名”的文件夹名字。

### 2. 数据的输入及编辑

（1）在学生文件夹下新建一个名为 ex1.xlsx 的工作簿，存盘退出。

① 选择“开始”→“所有程序”→ Microsoft Office → Microsoft Excel 2016 命令。

② 在 Sheet1 中选定单元格，依次输入相关内容，如图 1.4.2 所示。

③ 单击标题栏上的“关闭”按钮，在弹出的“是否保存对 Book1 的更改？”对话框中单

击“是”按钮；弹出“另存为”对话框，在“保存位置”下拉列表中选择 D 盘，双击你的文件夹；在“文件名”文本框中输入该文件的名字 ex1；在“保存类型”下拉列表中选择“Microsoft Office Excel 工作簿（*.xlsx）”；单击“保存”按钮。

（2）打开 ex1.xlsx 工作簿，在“江明”记录前插入一条新记录，内容为“020090011，李明明，88，78，69”。

① 将光标定位到“江明”这一行的任一单元格，单击“开始”→“单元格”→“插入”→“插入工作表行”按钮。

② 分别选定 A4 至 E4 单元格，依次输入 020090011，李明明，88，78，69。

（3）在“总分”前插入一列“体育”，成绩为：91，86，87，72，66，83，68。

① 将光标定位到“总分”这一列的任一单元格，单击“开始”→“单元格”→“插入”→“插入工作表列”按钮。

② 分别选定 F2 到 F9 单元格，依次输入“体育，91，86，87，72，66，83，68”。

（4）在“学号”前插入一列“序号”，利用填充功能进行输入。

① 将光标定位到“学号”这一列的任一单元格，单击“开始”→“单元格”→“插入”→“插入工作表列”按钮。

② 选定 A2 单元格，输入“序号”。

③ 分别选定 A3、A4 单元格，输入“1、2”。

④ 选定 A3 至 A4 单元格，将光标指向该区域的右下角，变成黑“+”形状，按住鼠标左键向下拖动至 A9 单元格，释放鼠标左键。

### 3. 公式及函数的使用

（1）利用“自动求和”按钮求出“总分”。选定 D3 至 H9 单元格，单击“开始”→“编辑”→“自动求和”按钮，结果如图 1.4.3 所示。

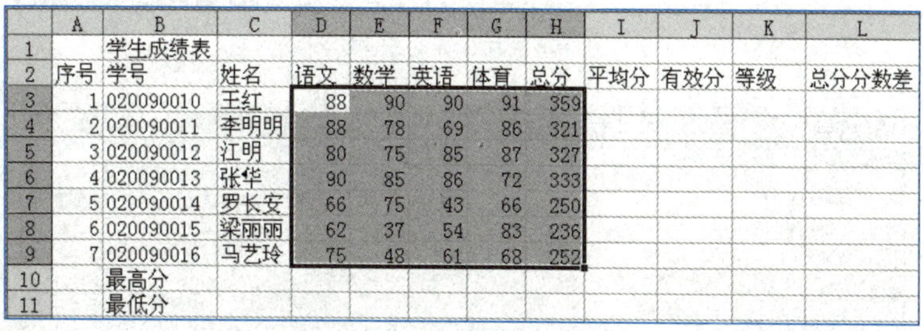

| | A | B | C | D | E | F | G | H | I | J | K | L |
|---|---|---|---|---|---|---|---|---|---|---|---|---|
| 1 | | 学生成绩表 | | | | | | | | | | |
| 2 | 序号 | 学号 | 姓名 | 语文 | 数学 | 英语 | 体育 | 总分 | 平均分 | 有效分 | 等级 | 总分分数差 |
| 3 | 1 | 020090010 | 王红 | 88 | 90 | 90 | 91 | 359 | | | | |
| 4 | 2 | 020090011 | 李明明 | 88 | 78 | 69 | 86 | 321 | | | | |
| 5 | 3 | 020090012 | 江明 | 80 | 75 | 85 | 87 | 327 | | | | |
| 6 | 4 | 020090013 | 张华 | 90 | 85 | 86 | 72 | 333 | | | | |
| 7 | 5 | 020090014 | 罗长安 | 66 | 75 | 43 | 66 | 250 | | | | |
| 8 | 6 | 020090015 | 梁丽丽 | 62 | 37 | 54 | 83 | 236 | | | | |
| 9 | 7 | 020090016 | 马艺玲 | 75 | 48 | 61 | 68 | 252 | | | | |
| 10 | | 最高分 | | | | | | | | | | |
| 11 | | 最低分 | | | | | | | | | | |

图 1.4.3 自动求和

（2）利用函数分别求出每个学生的“平均分”。

① 选定 I3 单元格，单击“插入函数”按钮，弹出“插入函数”对话框，如图 1.4.4 所示。

② 在“或选择类别”下拉列表中选择“常用函数”，在“选择函数”列表框中选择 AVERAGE，单击“确定”按钮，弹出“函数参数”对话框，如图 1.4.5 所示。

③ 单击“折叠”按钮，将该对话框折叠，选定 D3 至 G3 单元格，如图 1.4.6 所示。

④ 单击“展开”按钮，将该对话框展开，单击“确定”按钮，如图 1.4.7 所示。

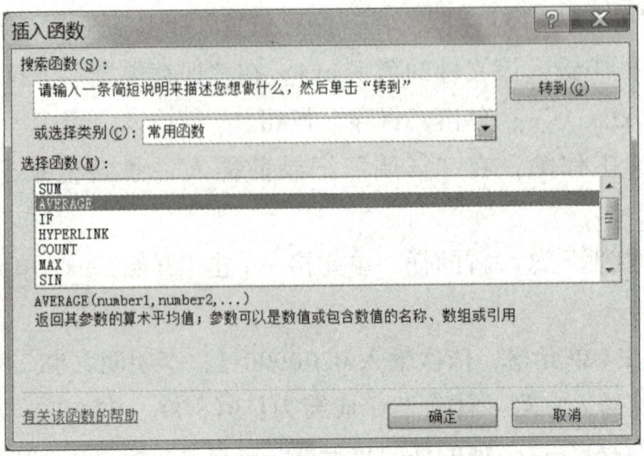


图 1.4.4 “插入函数”对话框

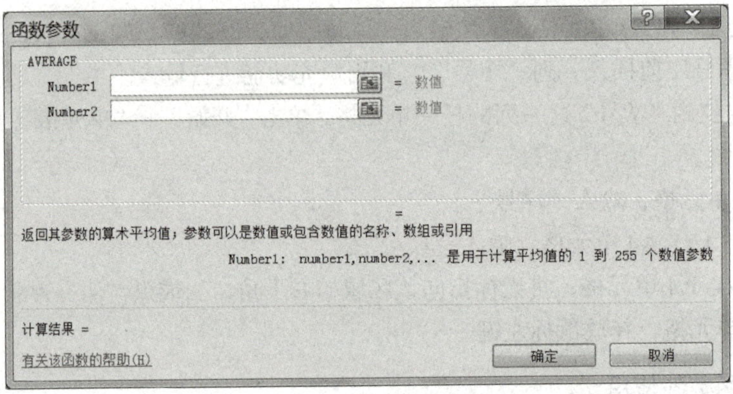


图 1.4.5 “函数参数”对话框

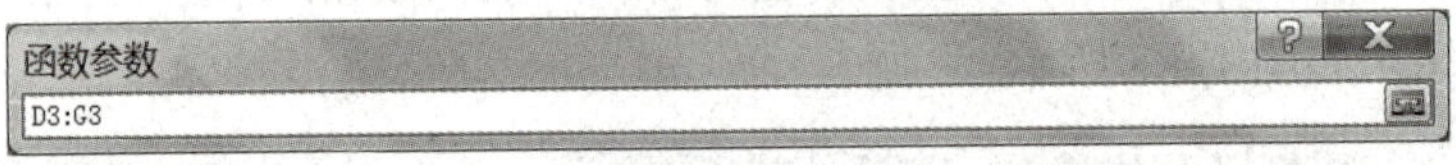


图 1.4.6 确定区域

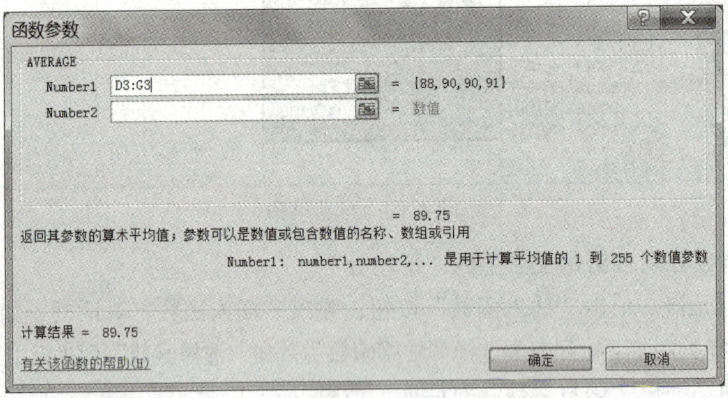


图 1.4.7 展开对话框

⑤ 选定 I3 单元格，将指针指向该单元格的右下角，变成黑“+”形状，按住鼠标左键向下拖动至 I9 单元格，释放鼠标左键，结果如图 1.4.8 所示。

| | A | B | C | D | E | F | G | H | I | J | K | L |
|---|---|---|---|---|---|---|---|---|---|---|---|---|
| 1 | | 学生成绩表 | | | | | | | | | | |
| 2 | 序号 | 学号 | 姓名 | 语文 | 数学 | 英语 | 体育 | 总分 | 平均分 | 有效分 | 等级 | 总分分数差 |
| 3 | 1 | 020090010 | 王红 | 88 | 90 | 90 | 91 | 359 | 89.75 | | | |
| 4 | 2 | 020090011 | 李明明 | 88 | 78 | 69 | 86 | 321 | 80.25 | | | |
| 5 | 3 | 020090012 | 江明 | 80 | 75 | 85 | 87 | 327 | 81.75 | | | |
| 6 | 4 | 020090013 | 张华 | 90 | 85 | 86 | 72 | 333 | 83.25 | | | |
| 7 | 5 | 020090014 | 罗长安 | 66 | 75 | 43 | 66 | 250 | 62.5 | | | |
| 8 | 6 | 020090015 | 梁丽丽 | 62 | 37 | 54 | 83 | 236 | 59 | | | |
| 9 | 7 | 020090016 | 马艺玲 | 75 | 48 | 61 | 68 | 252 | 63 | | | |
| 10 | | 最高分 | | | | | | | | | | |
| 11 | | 最低分 | | | | | | | | | | |

图 1.4.8　求出总分和平均分的数据表

（3）利用函数分别求出各门课程的“最高分”。

① 选定 D10 单元格，单击“插入函数”按钮，弹出“插入函数”对话框。

② 选择常用函数下的 MAX 函数，单击“确定”按钮，弹出“函数参数”对话框。

③ 单击“折叠”按钮，将该对话框折叠，选定 D3 至 D9 单元格。

④ 单击“展开”按钮，将该对话框展开，单击“确定”按钮。

⑤ 选定 D10 单元格，将光标指向该单元格的右下角，变成黑“＋”形状，按住鼠标左键向右拖动至 G10 单元格，释放鼠标左键，结果如图 1.4.9 所示。

| | A | B | C | D | E | F | G | H | I | J | K | L |
|---|---|---|---|---|---|---|---|---|---|---|---|---|
| 1 | | 学生成绩表 | | | | | | | | | | |
| 2 | 序号 | 学号 | 姓名 | 语文 | 数学 | 英语 | 体育 | 总分 | 平均分 | 有效分 | 等级 | 总分分数差 |
| 3 | 1 | 020090010 | 王红 | 88 | 90 | 90 | 91 | 359 | 89.75 | | | |
| 4 | 2 | 020090011 | 李明明 | 88 | 78 | 69 | 86 | 321 | 80.25 | | | |
| 5 | 3 | 020090012 | 江明 | 80 | 75 | 85 | 87 | 327 | 81.75 | | | |
| 6 | 4 | 020090013 | 张华 | 90 | 85 | 86 | 72 | 333 | 83.25 | | | |
| 7 | 5 | 020090014 | 罗长安 | 66 | 75 | 43 | 66 | 250 | 62.5 | | | |
| 8 | 6 | 020090015 | 梁丽丽 | 62 | 37 | 54 | 83 | 236 | 59 | | | |
| 9 | 7 | 020090016 | 马艺玲 | 75 | 48 | 61 | 68 | 252 | 63 | | | |
| 10 | | 最高分 | | 90 | 90 | 90 | 91 | | | | | |
| 11 | | 最低分 | | | | | | | | | | |

图 1.4.9　求出最高分的数据表

（4）利用函数分别求出各门课程的“最低分”。

① 选定 D11 单元格，单击“插入函数”按钮，弹出“插入函数”对话框。

② 在“或选择类别”下拉列表框中选择“统计”，在“选择函数”列表框中选择 MIN，单击“确定”按钮，弹出“函数参数”对话框。

③ 单击“折叠”按钮，将该对话框折叠，选定 D3 至 D9 单元格。

④ 单击“展开”按钮，将该对话框展开，单击“确定”按钮。

⑤ 选定 D11 元格，将光标指向该单元格的右下角，变成黑“＋”形状，按住鼠标左键向右拖动至 G11 单元格，释放鼠标左键，结果如图 1.4.10 所示。

（5）利用公式求出“有效分”：有效分 = 语文 ×0.3 ＋数学 ×0.3 ＋英语 ×0.2 ＋体育 ×0.2。

① 选定 J3 单元格，在单元格内依次输入“＝”，选定 D3 单元格，输入“*0.3 ＋”；选定 E3 单元格，输入“*0.3 ＋”；选定 F3 单元格，输入“*0.2 ＋”；选定 G3 单元格，输入“*0.2”，按【Enter】键确定输入。

| | A | B | C | D | E | F | G | H | I | J | K | L |
|---|---|---|---|---|---|---|---|---|---|---|---|---|
| 1 | | 学生成绩表 | | | | | | | | | | |
| 2 | 序号 | 学号 | 姓名 | 语文 | 数学 | 英语 | 体育 | 总分 | 平均分 | 有效分 | 等级 | 总分分数差 |
| 3 | 1 | 020090010 | 王红 | 88 | 90 | 90 | 91 | 359 | 89.75 | | | |
| 4 | 2 | 020090011 | 李明明 | 88 | 78 | 69 | 86 | 321 | 80.25 | | | |
| 5 | 3 | 020090012 | 江明 | 80 | 75 | 85 | 87 | 327 | 81.75 | | | |
| 6 | 4 | 020090013 | 张华 | 90 | 85 | 86 | 72 | 333 | 83.25 | | | |
| 7 | 5 | 020090014 | 罗长安 | 66 | 75 | 43 | 66 | 250 | 62.5 | | | |
| 8 | 6 | 020090015 | 梁丽丽 | 62 | 37 | 54 | 83 | 236 | 59 | | | |
| 9 | 7 | 020090016 | 马艺玲 | 75 | 48 | 61 | 68 | 252 | 63 | | | |
| 10 | | 最高分 | | 90 | 90 | 90 | 91 | | | | | |
| 11 | | 最低分 | | 62 | 37 | 43 | 66 | | | | | |

图 1.4.10 求出最低分的数据表

② 选定 J3 元格，将光标指向该单元格的右下角，变成黑“+”形状，按住鼠标左键向下拖动至 J9 单元格，释放鼠标左键，结果如图 1.4.11 所示。

| | A | B | C | D | E | F | G | H | I | J | K | L |
|---|---|---|---|---|---|---|---|---|---|---|---|---|
| 1 | | 学生成绩表 | | | | | | | | | | |
| 2 | 序号 | 学号 | 姓名 | 语文 | 数学 | 英语 | 体育 | 总分 | 平均分 | 有效分 | 等级 | 总分分数差 |
| 3 | 1 | 020090010 | 王红 | 88 | 90 | 90 | 91 | 359 | 89.75 | 89.6 | | |
| 4 | 2 | 020090011 | 李明明 | 88 | 78 | 69 | 86 | 321 | 80.25 | 80.8 | | |
| 5 | 3 | 020090012 | 江明 | 80 | 75 | 85 | 87 | 327 | 81.75 | 80.9 | | |
| 6 | 4 | 020090013 | 张华 | 90 | 85 | 86 | 72 | 333 | 83.25 | 84.1 | | |
| 7 | 5 | 020090014 | 罗长安 | 66 | 75 | 43 | 66 | 250 | 62.5 | 64.1 | | |
| 8 | 6 | 020090015 | 梁丽丽 | 62 | 37 | 54 | 83 | 236 | 59 | 57.1 | | |
| 9 | 7 | 020090016 | 马艺玲 | 75 | 48 | 61 | 68 | 252 | 63 | 62.7 | | |
| 10 | | 最高分 | | 90 | 90 | 90 | 91 | | | | | |
| 11 | | 最低分 | | 62 | 37 | 43 | 66 | | | | | |

图 1.4.11 求出有效分的数据表

（6）利用 IF 函数求出“等级”：总分超过 340 的记为“优秀”，其余记为“合格”。

① 选定 K3 单元格，输入“等级”的计算公式“=IF(H3>340，" 优秀 "," 良好 ")”，单击√按钮确定。

② 选定 K3 元格，将光标指向该单元格的右下角，变成黑“+”形状，按住鼠标左键向下拖动至 K9 单元格，释放鼠标左键，结果如图 1.4.12 所示。

| | A | B | C | D | E | F | G | H | I | J | K | L |
|---|---|---|---|---|---|---|---|---|---|---|---|---|
| 1 | | 学生成绩表 | | | | | | | | | | |
| 2 | 序号 | 学号 | 姓名 | 语文 | 数学 | 英语 | 体育 | 总分 | 平均分 | 有效分 | 等级 | 总分分数差 |
| 3 | 1 | 020090010 | 王红 | 88 | 90 | 90 | 91 | 359 | 89.75 | 89.6 | 优秀 | |
| 4 | 2 | 020090011 | 李明明 | 88 | 78 | 69 | 86 | 321 | 80.25 | 80.8 | 合格 | |
| 5 | 3 | 020090012 | 江明 | 80 | 75 | 85 | 87 | 327 | 81.75 | 80.9 | 合格 | |
| 6 | 4 | 020090013 | 张华 | 90 | 85 | 86 | 72 | 333 | 83.25 | 84.1 | 合格 | |
| 7 | 5 | 020090014 | 罗长安 | 66 | 75 | 43 | 66 | 250 | 62.5 | 64.1 | 合格 | |
| 8 | 6 | 020090015 | 梁丽丽 | 62 | 37 | 54 | 83 | 236 | 59 | 57.1 | 合格 | |
| 9 | 7 | 020090016 | 马艺玲 | 75 | 48 | 61 | 68 | 252 | 63 | 62.7 | 合格 | |
| 10 | | 最高分 | | 90 | 90 | 90 | 91 | | | | | |
| 11 | | 最低分 | | 62 | 37 | 43 | 66 | | | | | |

图 1.4.12 求出等级的数据表

（7）求各学生与第一位学生王红的“总分分数差”。

① 选定 L3 单元格，在单元格内依次输入“=”，选定 H3 单元格，输入“-$H$3”，按【Enter】键确认输入。

② 选定 L3 元格，将光标指向该单元格的右下角，变成黑“+”形状，按住鼠标左键向下拖动至 L9 单元格，释放鼠标左键，结果如图 1.4.13 所示。

| | A | B | C | D | E | F | G | H | I | J | K | L |
|---|---|---|---|---|---|---|---|---|---|---|---|---|
| 1 | | 学生成绩表 | | | | | | | | | | |
| 2 | 序号 | 学号 | 姓名 | 语文 | 数学 | 英语 | 体育 | 总分 | 平均分 | 有效分 | 等级 | 总分分数差 |
| 3 | 1 | 020090010 | 王红 | 88 | 90 | 90 | 91 | 359 | 89.75 | 89.6 | 优秀 | 0 |
| 4 | 2 | 020090011 | 李明明 | 88 | 78 | 69 | 86 | 321 | 80.25 | 80.8 | 合格 | -38 |
| 5 | 3 | 020090012 | 江明 | 80 | 75 | 85 | 87 | 327 | 81.75 | 80.9 | 合格 | -32 |
| 6 | 4 | 020090013 | 张华 | 90 | 85 | 86 | 72 | 333 | 83.25 | 84.1 | 合格 | -26 |
| 7 | 5 | 020090014 | 罗长安 | 66 | 75 | 43 | 66 | 250 | 62.5 | 64.1 | 合格 | -109 |
| 8 | 6 | 020090015 | 梁丽丽 | 62 | 37 | 54 | 83 | 236 | 59 | 57.1 | 合格 | -123 |
| 9 | 7 | 020090016 | 马艺玲 | 75 | 48 | 61 | 68 | 252 | 63 | 62.7 | 合格 | -107 |
| 10 | | 最高分 | | 90 | 90 | 90 | 91 | | | | | |
| 11 | | 最低分 | | 62 | 37 | 43 | 66 | | | | | |

图 1.4.13　求出总分分数差的数据表

### 4．工作表的编辑和格式化

（1）将标题“合并及居中”，设置字体为隶书、18 号，行高为 25，其余各行设为右对齐，字体为楷体、12 号，行高为 20。

① 选定 A1 至 L1 单元格，单击“开始”→“对齐方式”→“合并后居中”按钮，然后单击“开始”→“字体”→“字体”和“字号”下拉按钮，选择“隶书”和“18 号”。

② 单击“开始”→“单元格”→“格式”下拉按钮，选择“行高”，弹出“行高”对话框，输入“25”，单击“确定”按钮，如图 1.4.14 所示。

③ 将光标移至行选择区，选定第 2 ~ 11 行，单击“开始”→“对齐方式”→“右对齐”按钮；然后单击“开始”→“字体”→“字体”和“字号”下拉按钮，选择“楷体”和“12 号”。

④ 单击“开始”→“单元格”→“格式”下拉按钮，选择“行高”，弹出“行高”对话框，输入“20”，单击“确定”按钮。

（2）将“学号”和“总分分数差”列的列宽设为 10，其余各列设为 8。

① 将光标移至列选择区，选定 B 列，按住【Ctrl】键不放，选定 L 列，单击“开始”→“单元格”→“格式”下拉按钮，选择“列宽”，弹出“列宽”对话框，输入“10”，单击“确定”按钮，如图 1.4.15 所示。

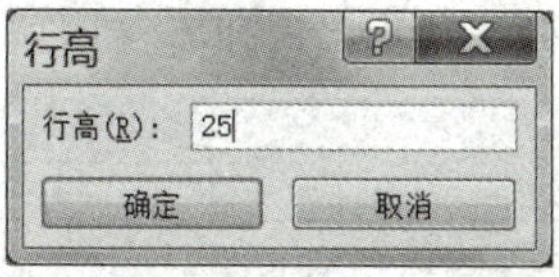


图 1.4.14　“行高”对话框

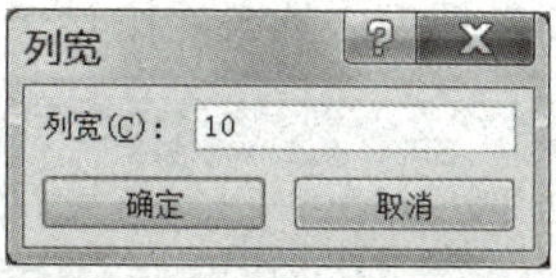


图 1.4.15　“列宽”对话框

② 将光标移至列选择区，选定 A 列，按住【Ctrl】键不放，选择 C 列至 K 列，单击“开始”→“单元格”→“格式”下拉按钮，选择“列宽”，弹出“列宽”对话框，输入“8”，单击“确定”按钮。

（3）将所有数值设置为 1 位小数位数。

分别选定所有数值的单元格，单击“开始”→“数字”→“增加小数位数”按钮，结果如图 1.4.16 所示。

（4）给工作表设置表格线，外边框为黑色粗线，内边框为黑色细线，填充浅黄色底纹。

① 选定 A1 至 L11 格，单击“开始”→“单元格”→“格式”下拉按钮，单击“设置单元格格式”按钮，弹出“设置单元格格式”对话框，选择“边框”选项卡。

| | A | B | C | D | E | F | G | H | I | J | K | L |
|---|---|---|---|---|---|---|---|---|---|---|---|---|
| 1 | 学生成绩表 | | | | | | | | | | | |
| 2 | 序号 | 学号 | 姓名 | 语文 | 数学 | 英语 | 体育 | 总分 | 平均分 | 有效分 | 等级 | 总分分数差 |
| 3 | 1 | 020090010 | 王红 | 88.0 | 90.0 | 90.0 | 91.0 | 359.0 | 89.8 | 89.6 | 优秀 | 0.0 |
| 4 | 2 | 020090011 | 李明明 | 88.0 | 78.0 | 69.0 | 86.0 | 321.0 | 80.3 | 80.8 | 合格 | -38.0 |
| 5 | 3 | 020090012 | 江明 | 80.0 | 75.0 | 85.0 | 87.0 | 327.0 | 81.8 | 80.9 | 合格 | -32.0 |
| 6 | 4 | 020090013 | 张华 | 90.0 | 85.0 | 86.0 | 72.0 | 333.0 | 83.3 | 84.1 | 合格 | -26.0 |
| 7 | 5 | 020090014 | 罗长安 | 66.0 | 75.0 | 43.0 | 66.0 | 250.0 | 62.5 | 64.1 | 合格 | -109.0 |
| 8 | 6 | 020090015 | 梁丽丽 | 62.0 | 37.0 | 54.0 | 83.0 | 236.0 | 59.0 | 57.1 | 合格 | -123.0 |
| 9 | 7 | 020090016 | 马艺玲 | 75.0 | 48.0 | 61.0 | 68.0 | 252.0 | 63.0 | 62.7 | 合格 | -107.0 |
| 10 | | 最高分 | | 90.0 | 90.0 | 90.0 | 91.0 | | | | | |
| 11 | | 最低分 | | 62.0 | 37.0 | 43.0 | 66.0 | | | | | |

图 1.4.16 设置所有数值的小数位数

② 在“样式”列表框中选择“粗线”，单击“外边框”按钮，颜色为“自动”；再在“样式”列表框中选择“细线”，单击“内部”按钮，如图 1.4.17 所示。

③ 选择“填充”选项卡，选择浅绿色，单击“确定”按钮，如图 1.4.18 所示。

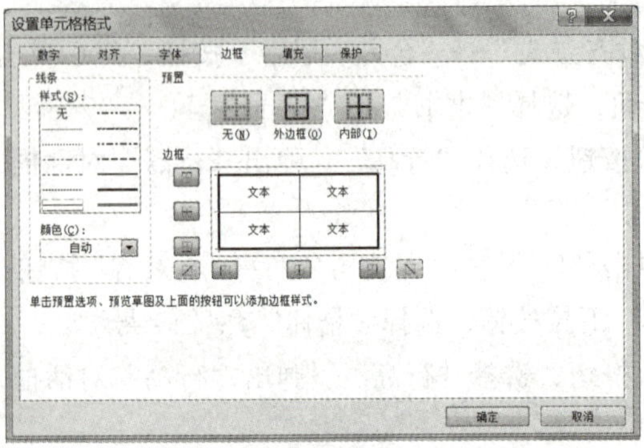


图 1.4.17 给单元格设置内外边框

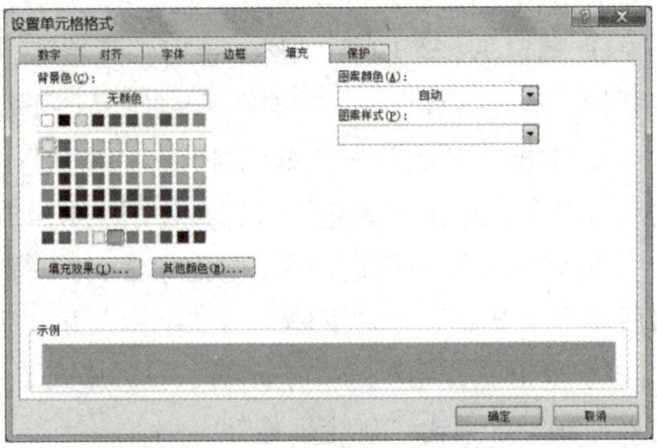


图 1.4.18 给单元格设置底纹

（5）将“等级”为“优秀”的显示为红色，“等级”为“合格”的显示为蓝色。

① 选定 K3 至 K9 单元格，单击“开始”→“样式”→“条件格式”下拉按钮，在下拉列表中选择“新建规则”命令，弹出“新建格式规则”对话框。

② 将对话框内的条件按要求设置正确，如图 1.4.19 所示，单击“确定”按钮。

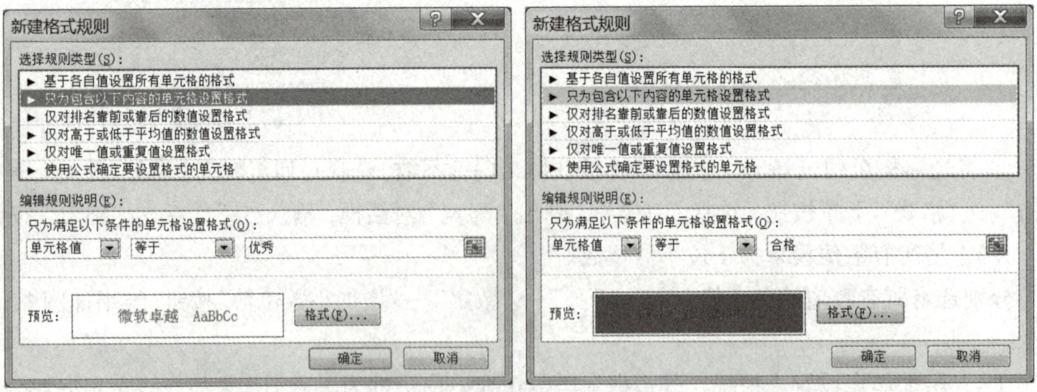


图 1.4.19 “新建格式规则”对话框

### 5. 页面设置

（1）设置打印纸张为 A4，纸张方向为横向，上、下页边距为 2.5 cm，左、右页边距为 2 cm，并使报表在水平方向居中打印。

① 选择“页面布局”→“页面设置”→“纸张大小”→“其他纸张大小”选项，弹出“页面设置”对话框，选择“页面”选项卡，选择“纸张大小”为 A4，“方向”为“横向”，如图 1.4.20 所示。

② 选择“页边距”选项卡，分别输入上、下、左、右页边距，在“居中方式”组中勾选“水平”和“垂直”复选框，单击“确定”按钮，如图 1.4.21 所示。

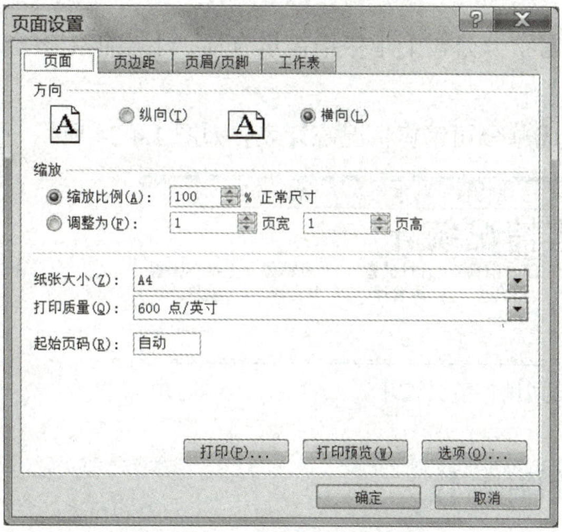


图 1.4.20 “页面”选项卡

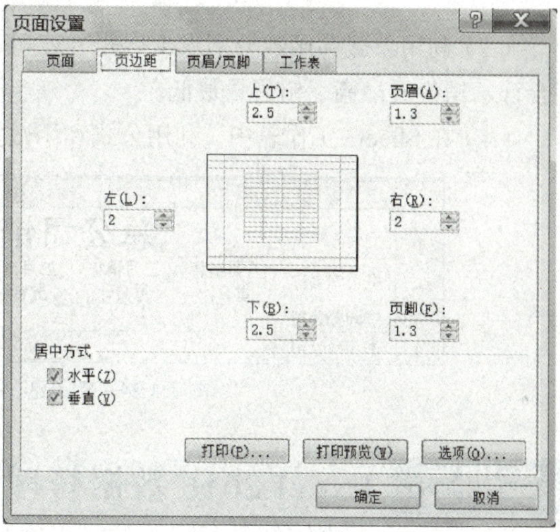


图 1.4.21 “页边距”选项卡

（2）预览打印效果。

选择“文件”→“打印”命令，在窗口右侧可预览打印效果。

（3）存盘退出。

单击标题栏上的“关闭”按钮，在弹出的“是否保存对 ex1.xlsx 的更改？”对话框中单击“是”按钮，存盘退出。

## 五、综合项目应用

（1）创建一个名为 ex5.xlsx 的工作簿，然后在 ex5.xlsx 工作簿的 Sheet1 工作表中，输入图 1.4.22 所示的内容。

| | A | B | C | D | E | F | G | H | I | J |
|---|---|---|---|---|---|---|---|---|---|---|
| 1 | 广州分公司上半年销售情况统计 | | | | | | | | | |
| 2 | 营业部名称 | 一月销售量（台） | 二月销售量（台） | 三月销售量（台） | 四月销售量（台） | 五月销售量（台） | 六月销售量（台） | 销售单价（元/台） | 上半年销售量合计 | 上半年销售金额合计 |
| 3 | 广州龙源 | 32 | 38 | 34 | 40 | 45 | 41 | 45 | | |
| 4 | 广州艺兴 | 50 | 55 | 60 | 51 | 43 | 50 | 44 | | |
| 5 | 广州志翔 | 12 | 18 | 22 | 16 | 19 | 23 | 43 | | |
| 6 | 广州奇奥 | 31 | 39 | 29 | 35 | 49 | 43 | 44 | | |
| 7 | 销售量最高 | | | | | | | | | |
| 8 | 销售量最低 | | | | | | | | | |

图 1.4.22 Sheet1- 广州分公司上半年销售情况统计

（2）在 ex5.xlsx 工作簿的 Sheet2 工作表中，输入图 1.4.23 所示内容。

| | A | B | C | D | E | F | G | H | I | J |
|---|---|---|---|---|---|---|---|---|---|---|
| 1 | 南宁分公司上半年销售情况统计 | | | | | | | | | |
| 2 | 营业部名称 | 一月销售量（台） | 二月销售量（台） | 三月销售量（台） | 四月销售量（台） | 五月销售量（台） | 六月销售量（台） | 销售单价（元/台） | 上半年销售量合计 | 上半年销售金额合计 |
| 3 | 南宁郎固 | 23 | 30 | 27 | 29 | 35 | 21 | 42 | | |
| 4 | 南宁轩雨 | 44 | 47 | 36 | 33 | 51 | 42 | 41 | | |
| 5 | 南宁和平 | 14 | 17 | 20 | 22 | 19 | 10 | 43 | | |
| 6 | 南宁国贸 | 31 | 37 | 30 | 35 | 41 | 45 | 41 | | |
| 7 | 销售量最高 | | | | | | | | | |
| 8 | 销售量最低 | | | | | | | | | |

图 1.4.23　Sheet2- 南宁分公司上半年销售情况统计

（3）利用公式和函数分别求出广州分公司、南宁分公司上半年销售量合计、上半年销售金额合计、销售量最高、销售量最低。

（4）在 Sheet3 工作表中，利用公式和函数完成总公司销售情况统计表，如图 1.4.24 所示。

| | A | B | C | D | E | F | G | H |
|---|---|---|---|---|---|---|---|---|
| 1 | 总公司销售情况统计 | | | | | | | |
| 2 | 分公司名称 | 一月销售量合计 | 二月销售量合计 | 三月销售量合计 | 四月销售量合计 | 五月销售量合计 | 六月销售量合计 | 上半年销售量总计 |
| 3 | 广州分公司 | | | | | | | |
| 4 | 南宁分公司 | | | | | | | |

图 1.4.24　Sheet3- 总公司销售情况统计

# 实训二　Excel 2016 数据管理及图表化

## 一、实训目的

（1）掌握 Excel 2016 数据的排序、筛选和分类汇总。

（2）掌握工作表的复制、移动、删除和重命名。

（3）熟练掌握数据图表化的方法。

（4）掌握图表及其数据的编辑和格式化。

## 二、实训内容

（1）在 D 盘下建立学生文件夹，命名为“学号 + 姓名”。

（2）在学生文件夹中，新建工作簿 ex2.xlsx，Sheet1 工作表内容如图 1.4.25 所示，总分和平均分要求用函数或公式输入。

| | A | B | C | D | E | F | G | H | I | J |
|---|---|---|---|---|---|---|---|---|---|---|
| 1 | 序号 | 学号 | 姓名 | 性别 | 语文 | 数学 | 英语 | 体育 | 总分 | 平均分 |
| 2 | 1 | 020090010 | 王红 | 女 | 88 | 90 | 90 | 91 | 359 | 89.75 |
| 3 | 2 | 020090011 | 李明明 | 男 | 88 | 78 | 69 | 86 | 321 | 80.25 |
| 4 | 3 | 020090012 | 江明 | 男 | 80 | 75 | 85 | 87 | 327 | 81.75 |
| 5 | 4 | 020090013 | 张华 | 男 | 90 | 85 | 86 | 72 | 333 | 83.25 |
| 6 | 5 | 020090014 | 罗长安 | 男 | 66 | 75 | 43 | 66 | 250 | 62.5 |
| 7 | 6 | 020090015 | 梁丽丽 | 女 | 62 | 37 | 54 | 83 | 236 | 59 |
| 8 | 7 | 020090016 | 马艺玲 | 女 | 75 | 48 | 61 | 68 | 252 | 63 |

图 1.4.25　数据清单

（3）数据管理。

① 将 Sheet1 标签名改为“学生成绩表”。

② 为“学生成绩表”做一个备份，命名为“总分排序”，将数据清单按“总分”降序排序。

③ 为“学生成绩表”做一个备份，命名为“多条件排序”，将数据清单按“语文”“数学”多条件降序排序。

④ 为“学生成绩表”做两个备份，分别命名为“自动筛选 1”和“自动筛选 2”。在“自动筛选 1”中，使用自动筛选功能筛选出“总分”小于 300 的记录；在“自动筛选 2”中，使用自动筛选功能筛选出“数学”大于 70 的记录。

⑤ 为“学生成绩表”做两个备份，分别命名为“高级筛选 1”和“高级筛选 2”。在“高级筛选 1”中，使用高级筛选功能筛选出“总分”大于 320 分的男生；在“高级筛选 2”中，使用高级筛选功能筛选出“总分”等于 236 分或“数学”大于 80 的女生。

⑥ 为“学生成绩表”做两个备份，分别命名为“分类汇总 1”和“分类汇总 2”。在“分类汇总 1”中，按“性别”求“总分”的平均值；在“分类汇总 2”中，按“性别”求各门课的平均值。

（4）数据的图表化。

① 在“学生成绩表”中，分别建立学号为单数的学生的柱形圆柱图，如图 1.4.26（a）所示和学号为双数的学生的柱形圆柱图，如图 1.4.26（b）所示。

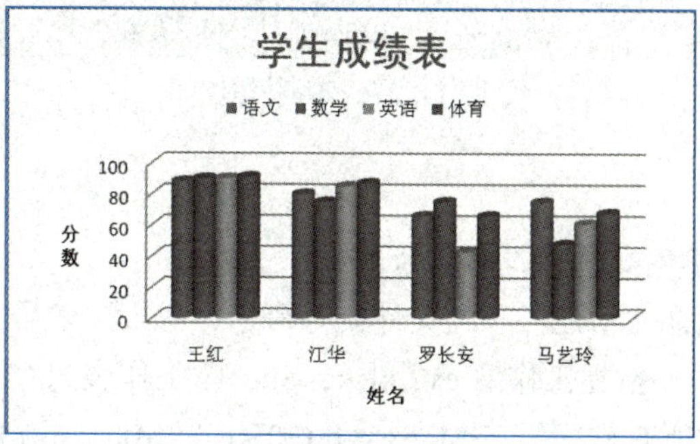


（a）

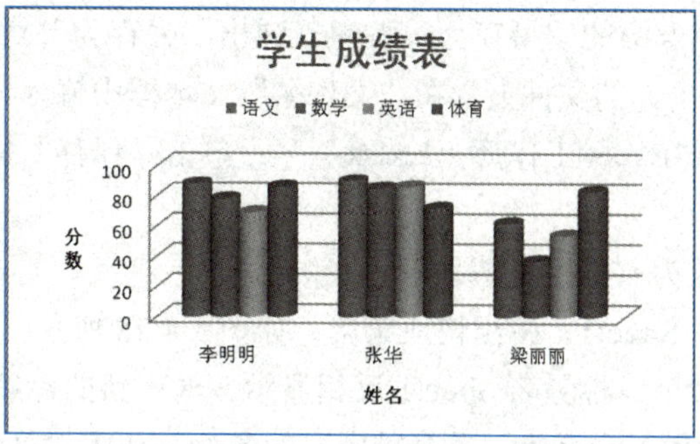


（b）

图 1.4.26 学生成绩图表

② 将图表标题设为黑体、蓝色、20 号字。

③ 将“王红”的英语成绩改为 98，体育成绩改为 65，观察图表的变化。

④ 存盘退出。

## 三、实训样式

实训样式如图 1.4.27 所示。

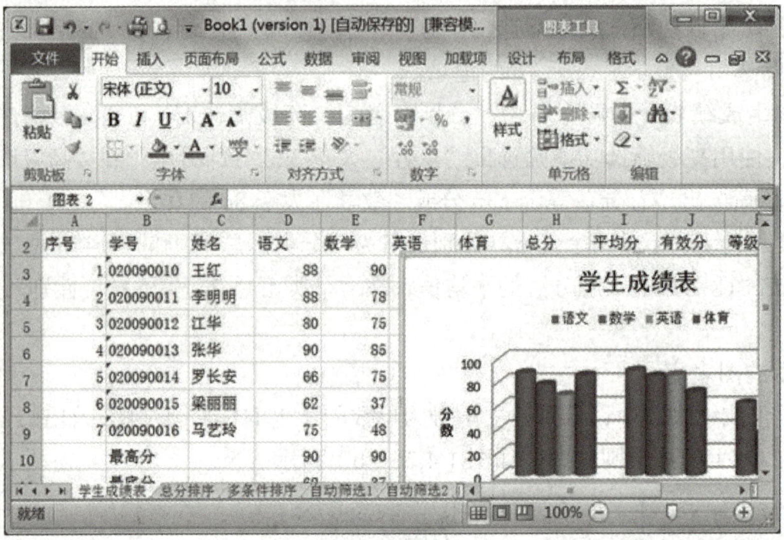


图 1.4.27　实训样式

## 四、实训步骤

（1）在 D 盘下建立学生文件夹，命名为“学号 + 姓名”。

打开 D 盘，右击，选择“新建”→“文件夹”命令，输入“学号 + 姓名”的文件夹名字。

（2）在学生文件夹中，新建工作簿 ex2.xlsx，Sheet1 工作表内容如图 1.4.25 所示。

① 选择“开始”→“所有程序”→ Microsoft Office → Microsoft Excel 2016 命令。

② 选定单元格，依次输入图 1.4.25 所示的内容。

③ 单击“文件”选项卡中的“另存为”按钮，弹出“另存为”对话框，单击“保存位置”下拉列表，选择 D 盘，双击你的文件夹；在“文件名”文本框中输入该文件的名字 ex2；在“保存类型”下拉列表中选择“Excel 工作簿（*.xlsx）”；单击“保存”按钮。

（3）数据管理。

① 将 Sheet1 标签名改为“学生成绩表”。

a．右击工作表标签名 Sheet1，弹出快捷菜单，如图 1.4.28 所示。

b．选择“重命名”命令，标签名 Sheet1 反相显示，输入新的标签名“学生成绩表”。

② 为“学生成绩表”做一个名为“总分排序”的备份，并按“总分”降序排序。

a．右击“学生成绩表”，在弹出的快捷菜单中选择“移动或复制工作表”命令，弹出“移动或复制工作表”对话框，勾选“建立副本”复选框，并移至 ex2.xlsx 工作簿的工作表 Sheet2 之前，如图 1.4.29 所示。然后右击“学生成绩表（2）”，将之重命名为“总分排序”。

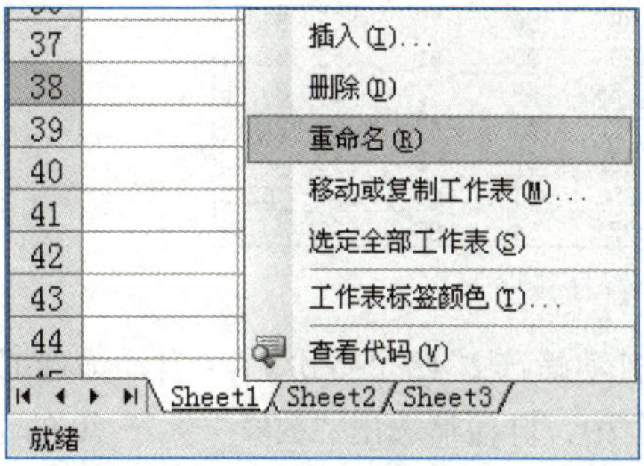


图 1.4.28　快捷菜单

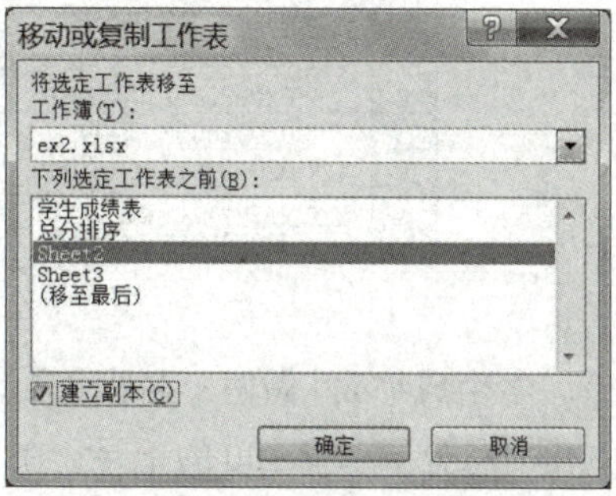


图 1.4.29　“移动或复制工作表”对话框

b．选定 I1 ~ I8 的任一单元格，单击“数据”选项卡“排序和筛选”组中的“排序”→“降序”按钮，结果如图 1.4.30 所示。

| | A | B | C | D | E | F | G | H | I | J |
|---|---|---|---|---|---|---|---|---|---|---|
| 1 | 序号 | 学号 | 姓名 | 性别 | 语文 | 数学 | 英语 | 体育 | 总分 | 平均分 |
| 2 | 1 | 020090010 | 王红 | 女 | 88 | 90 | 90 | 91 | 359 | 89.75 |
| 3 | 4 | 020090013 | 张华 | 男 | 90 | 85 | 86 | 72 | 333 | 83.25 |
| 4 | 3 | 020090012 | 江明 | 男 | 80 | 75 | 85 | 87 | 327 | 81.75 |
| 5 | 2 | 020090011 | 李明明 | 男 | 88 | 78 | 69 | 86 | 321 | 80.25 |
| 6 | 7 | 020090016 | 马艺玲 | 女 | 75 | 48 | 61 | 68 | 252 | 63 |
| 7 | 5 | 020090014 | 罗长安 | 男 | 66 | 75 | 43 | 66 | 250 | 62.5 |
| 8 | 6 | 020090015 | 梁丽丽 | 女 | 62 | 37 | 54 | 83 | 236 | 59 |

图 1.4.30　按总分降序排序

③ 为“学生成绩表”做一个名为“多条件排序”的备份，并对“语文”“数学”进行 多条件降序排序。

a．右击“学生成绩表”，在弹出的快捷菜单中选择“移动或复制工作表”命令，弹出“移动或复制工作表”对话框，勾选“建立副本”复选框，并移至 ex2.xlsx 工作簿的工作表 Sheet2 之前。然后右击“学生成绩表（2）”，将之重命名为“多条件排序”。

b．选定 A1 ~ J8 的任一单元格，单击“数据”选项卡“排序和筛选”组中的“排序”按钮，弹出“排序”对话框，如图 1.4.31 所示。

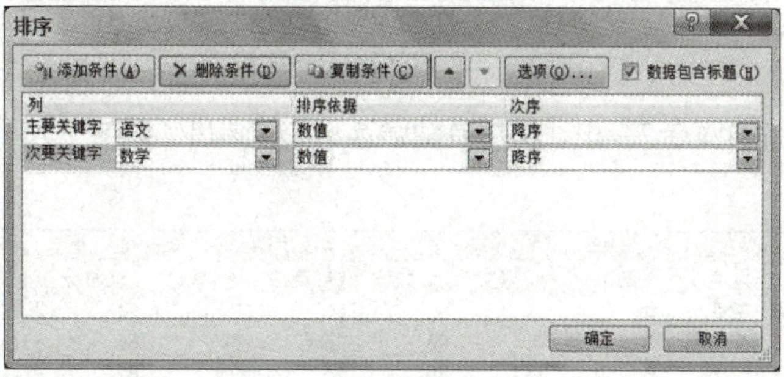


图 1.4.31　“排序”对话框

c．将“语文”“数学”分别设置为“主要关键字”和“次关键字”，按降序排序，单击“确定”按钮，结果如图 1.4.32 所示。

| | A | B | C | D | E | F | G | H | I | J |
|---|---|---|---|---|---|---|---|---|---|---|
| 1 | 序号 | 学号 | 姓名 | 性别 | 语文 | 数学 | 英语 | 体育 | 总分 | 平均分 |
| 2 | 4 | 020090013 | 张华 | 男 | 90 | 85 | 86 | 72 | 333 | 83.25 |
| 3 | 1 | 020090010 | 王红 | 女 | 88 | 90 | 90 | 91 | 359 | 89.75 |
| 4 | 2 | 020090011 | 李明明 | 男 | 88 | 78 | 69 | 86 | 321 | 80.25 |
| 5 | 3 | 020090012 | 江明 | 男 | 80 | 75 | 85 | 87 | 327 | 81.75 |
| 6 | 7 | 020090016 | 马艺玲 | 女 | 75 | 48 | 61 | 68 | 252 | 63 |
| 7 | 5 | 020090014 | 罗长安 | 男 | 66 | 75 | 43 | 66 | 250 | 62.5 |
| 8 | 6 | 020090015 | 梁丽丽 | 女 | 62 | 37 | 54 | 83 | 236 | 59 |

图 1.4.32　按语文、数学降序排序

④ 为“学生成绩表”做两个名为“自动筛选 1”和“自动筛选 2”两个备份。在“自动筛选 1”中，自动筛选出“总分”小于 300 的记录；在“自动筛选 2”中，自动筛选出“数学”大于 70 的记录。

a. 右击“学生成绩表”，选择“移动或复制工作表”选项，弹出“移动或复制工作表”对话框，设置 ex2.xlsx 工作表 Sheet2 之前并勾选“建立副本”复选框，然后右击“学生成绩表（2）”，将之重命名为“自动筛选 1”。依此建立名为“自动筛选 2”的“学生成绩表”备份。

b. 在“自动筛选 1”中，选定 A1 ~ J8 的任一单元格，单击“数据”→“排序和筛选”→“筛选”按钮；然后单击“总分”列标题的下拉按钮，单击“数字筛选”→“自定义筛选”按钮，弹出“自定义自动筛选方式”对话框，如图 1.4.33 所示。

图 1.4.33　“自定义自动筛选方式”对话框

c. 在对话框内按图进行设置，单击“确定”按钮，结果如图 1.4.34 所示。

| | A | B | C | D | E | F | G | H | I | J |
|---|---|---|---|---|---|---|---|---|---|---|
| 1 | 序 | 学号 | 姓名 | 性别 | 语文 | 数学 | 英语 | 体育 | 总分 | 平均 |
| 6 | 5 | 020090014 | 罗长安 | 男 | 66 | 75 | 43 | 66 | 250 | 62.5 |
| 7 | 6 | 020090015 | 梁丽丽 | 女 | 62 | 37 | 54 | 83 | 236 | 59 |
| 8 | 7 | 020090016 | 马艺玲 | 女 | 75 | 48 | 61 | 68 | 252 | 63 |

图 1.4.34　自动筛选结果（1）

d. 依此可在“自动筛选 2”中，使用自动筛选功能筛选出“数学”大于 70 的记录，结果如图 1.4.35 所示。

| B | C | D | E | F | G | H | I | J |
|---|---|---|---|---|---|---|---|---|
| 学号 | 姓名 | 性别 | 语文 | 数学 | 英语 | 体育 | 总分 | 平均分 |
| 020090010 | 王红 | 女 | 88 | 90 | 90 | 91 | 359 | 89.75 |
| 020090011 | 李明明 | 男 | 88 | 78 | 69 | 86 | 321 | 80.25 |
| 020090012 | 江华 | 男 | 80 | 75 | 85 | 87 | 327 | 81.75 |
| 020090013 | 张华 | 男 | 90 | 85 | 86 | 72 | 333 | 83.25 |
| 020090014 | 罗长安 | 男 | 66 | 75 | 43 | 66 | 250 | 62.5 |

图 1.4.35　自动筛选结果（2）

⑤ 为“学生成绩表”做两个备份，分别命名为“高级筛选 1”和“高级筛选 2”。在“高级筛选 1”中，使用高级筛选功能筛选出“总分”大于 320 分的男生；在“高级筛选 2”中，使用高级筛选功能筛选出“总分”等于 236 分或“数学”大于 80 分的女生。

a．右击“学生成绩表”，在弹出的快捷菜单中选择“移动或复制工作表”命令，弹出“移动或复制工作表”对话框，勾选“建立副本”复选框，并移至 ex2.xlsx 工作簿的工作表 Sheet2 之前。然后右击“学生成绩表（2）”，将之重命名为“高级筛选 1”。依此建立名为“高级筛选 2”的“学生成绩表”备份。

b．筛选条件的设置：在“高级筛选 1”中，选择 A1 ~ J1 单元格，单击“开始”→“剪贴板”→“复制”按钮。再选定 A11 单元格，单击“开始”→“剪贴板”→“粘贴”按钮，然后在 D12 单元格输入“男”，I12 单元格输入“>320”。

c．在“高级筛选 1”中，选定 A1 至 J8 的任一单元格，单击“数据”→“排序和筛选”→“筛选”→“高级”按钮，弹出“高级筛选”对话框，“列表区域”自动确定为 A1 ~ L10，如图 1.4.36 所示。

d．单击“条件区域”的“折叠”按钮，将该对话框折叠，选定 D11 ~ J12 单元格区域，单击“展开”按钮，将该对话框展开，如图 1.4.37 所示。

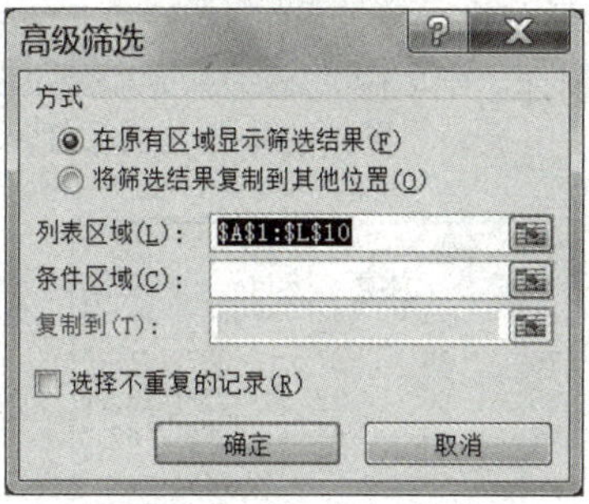


图 1.4.36 确定“列表区域”

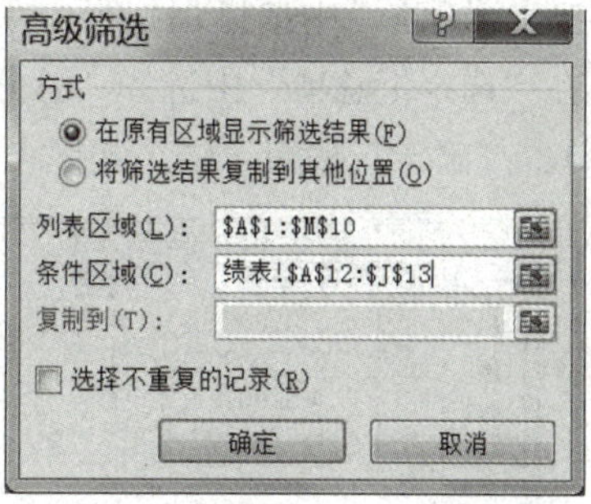


图 1.4.37 确定“条件区域”

e．单击“确定”按钮，结果如图 1.4.38 所示。

| | A | B | C | D | E | F | G | H | I | J |
|---|---|---|---|---|---|---|---|---|---|---|
| 1 | 序号 | 学号 | 姓名 | 性别 | 语文 | 数学 | 英语 | 体育 | 总分 | 平均分 |
| 3 | 2 | 020090011 | 李明明 | 男 | 88 | 78 | 69 | 86 | 321 | 80.25 |
| 4 | 3 | 020090012 | 江明 | 男 | 80 | 75 | 85 | 87 | 327 | 81.75 |
| 5 | 4 | 020090013 | 张华 | 男 | 90 | 85 | 86 | 72 | 333 | 83.25 |
| 9 | | | | | | | | | | |
| 10 | | | | | | | | | | |
| 11 | 序号 | 学号 | 姓名 | 性别 | 语文 | 数学 | 英语 | 体育 | 总分 | 平均分 |
| 12 | | | | 男 | | | | | >320 | |

图 1.4.38 “高级筛选”之确定“条件区域”

f．依此可在“高级筛选 2”中，使用高级筛选功能筛选出“总分”等于 236 分或数学大于 80 的女生，结果如图 1.4.39 所示。

⑥ 为“学生成绩表”做两个备份，分别命名为“分类汇总 1”和“分类汇总 2”。在“分类汇总 1”中，按“性别”求“总分”的平均值；在“分类汇总 2”中，按“性别”求各门课的平均值。

| | A | B | C | D | E | F | G | H | I | J |
|---|---|---|---|---|---|---|---|---|---|---|
| 1 | 序号 | 学号 | 姓名 | 性别 | 语文 | 数学 | 英语 | 体育 | 总分 | 平均分 |
| 2 | 1 | 020090010 | 王红 | 女 | 88 | 90 | 90 | 91 | 359 | 89.75 |
| 7 | 6 | 020090015 | 梁丽丽 | 女 | 62 | 37 | 54 | 83 | 236 | 59 |
| 9 | | | | | | | | | | |
| 10 | 序号 | 学号 | 姓名 | 性别 | 语文 | 数学 | 英语 | 体育 | 总分 | 平均分 |
| 11 | | | | 女 | | | | | 236 | |
| 12 | | | | 女 | | >80 | | | | |

图 1.4.39 “高级筛选 2”的筛选结果

a．右击“学生成绩表”，在弹出的快捷菜单中选择“移动或复制工作表”命令，弹出“移动或复制工作表”对话框，勾选“建立副本”复选框，并移至 ex2.xlsx 工作簿的工作表 Sheet2 之前。然后右击“学生成绩表（2）”，将之重命名为“分类汇总 1”。依此建立名为“分类汇总 2”的“学生成绩表”备份。

b．选定 D1 ~ D8 的任一单元格，单击“数据”→“排序和筛选”→“排序”→“升序”按钮，将所有记录按“性别”进行升序排序。

c．选定 A1 ~ J8 的任一单元格，单击“数据”→“分级显示”→“分类汇总”按钮，弹出“分类汇总”对话框。

d．在“分类字段”中选择“性别”，在“汇总方式”中选择“平均值”，在“选定汇总项”中选择“总分”，如图 1.4.40 所示。

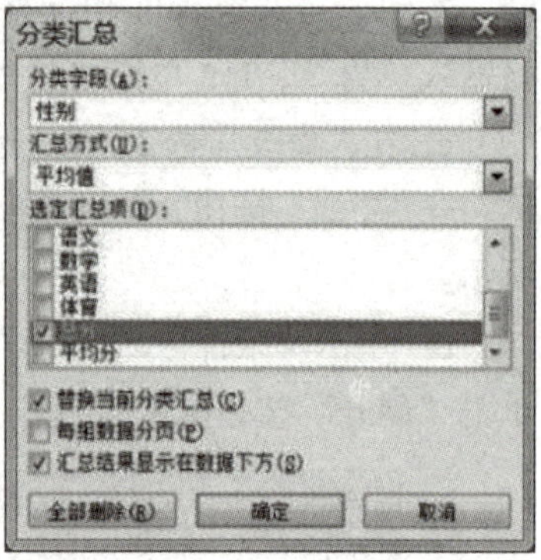


图 1.4.40 “分类汇总”对话框

e．单击“确定”按钮，结果如图 1.4.41 所示。

| | A | B | C | D | E | F | G | H | I | J |
|---|---|---|---|---|---|---|---|---|---|---|
| 1 | 序号 | 学号 | 姓名 | 性别 | 语文 | 数学 | 英语 | 体育 | 总分 | 平均分 |
| 2 | 2 | 020090011 | 李明明 | 男 | 88 | 78 | 69 | 86 | 321 | 80.25 |
| 3 | 3 | 020090012 | 江明 | 男 | 80 | 75 | 85 | 87 | 327 | 81.75 |
| 4 | 4 | 020090013 | 张华 | 男 | 90 | 85 | 86 | 72 | 333 | 83.25 |
| 5 | 5 | 020090014 | 罗长安 | 男 | 66 | 75 | 43 | 66 | 250 | 62.5 |
| 6 | | | | **男 平均值** | | | | | 307.75 | |
| 7 | 1 | 020090010 | 王红 | 女 | 88 | 90 | 90 | 91 | 359 | 89.75 |
| 8 | 6 | 020090015 | 梁丽丽 | 女 | 62 | 37 | 54 | 83 | 236 | 59 |
| 9 | 7 | 020090016 | 马艺玲 | 女 | 75 | 48 | 61 | 68 | 252 | 63 |
| 10 | | | | **女 平均值** | | | | | 282.333 | |
| 11 | | | | **总计平均值** | | | | | 296.857 | |

图 1.4.41 分类汇总结果

f．依此可在“分类汇总 2”中，按“性别”求各门课的平均值，结果如图 1.4.42 所示。

| | A | B | C | D | E | F | G | H | I | J |
|---|---|---|---|---|---|---|---|---|---|---|
| 1 | 序号 | 学号 | 姓名 | 性别 | 语文 | 数学 | 英语 | 体育 | 总分 | 平均分 |
| 2 | 2 | 020090011 | 李明明 | 男 | 88 | 78 | 69 | 86 | 321 | 80.25 |
| 3 | 3 | 020090012 | 江华 | 男 | 80 | 75 | 85 | 87 | 327 | 81.75 |
| 4 | 4 | 020090013 | 张华 | 男 | 90 | 85 | 86 | 72 | 333 | 83.25 |
| 5 | 5 | 020090014 | 罗长安 | 男 | 66 | 75 | 43 | 66 | 250 | 62.5 |
| 6 | | | | **男 平均值** | 81 | 78.25 | 70.75 | 77.75 | | |
| 7 | 1 | 020090010 | 王红 | 女 | 88 | 90 | 90 | 91 | 359 | 89.75 |
| 8 | 6 | 020090015 | 梁丽丽 | 女 | 62 | 37 | 54 | 83 | 236 | 59 |
| 9 | 7 | 020090016 | 马艺玲 | 女 | 75 | 48 | 61 | 68 | 252 | 63 |
| 10 | | | | **女 平均值** | 75 | 58.3333 | 68.3333 | 80.66667 | | |
| 11 | | | | **总计平均值** | 78.4286 | 69.7143 | 69.7143 | 79 | | |
| 12 | | | | | | | | | | |

图 1.4.42 分类汇总结果

（4）数据的图表化。

① 在“学生成绩表”中，分别建立学号为单数的学生各门课成绩的柱形圆柱图和学号为双数的学生各门课成绩的柱形圆柱图。

a．在“学生成绩表”中，选定 C1:C2 单元格区域，按住【Ctrl】键继续选定 E1:G2、C4，E4:G4、C6，E6:G6 和 C8，E8:G8 单元格区域，然后单击“插入”→“图表”→“柱形图”下拉按钮，选择“圆柱图”→“簇状圆柱图”选项。单击“图表工具 / 设计”→“数据”→“切换行 / 列”按钮，结果如图 1.4.43 所示。

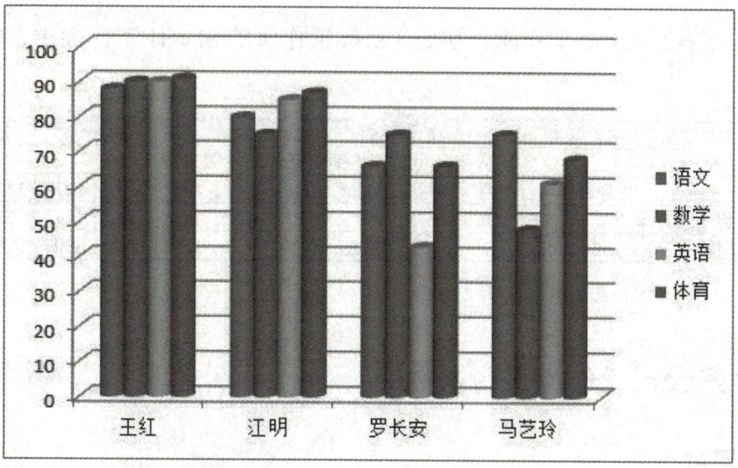


图 1.4.43　柱形圆柱图

b．单击“图表工具 / 布局”→“标签”→“图表标题”下拉按钮，选择“图表上方”选项；并将“图表标题”修改为“学生成绩表”。单击“标签”组中的“坐标轴标题”下拉按钮，选择“主要横坐标轴标题”→“坐标轴下方标题”选项，并将“坐标轴标题”修改为“姓名”。单击“标签”组中的“坐标轴标题”下拉按钮，选择“主要纵坐标轴标题”→“横排标题”选项，并将“坐标轴标题”修改为“分数”。单击“标签”组中的“图例”下拉按钮，选择“在顶部显示图例”选项，结果如图 1.4.44 所示。

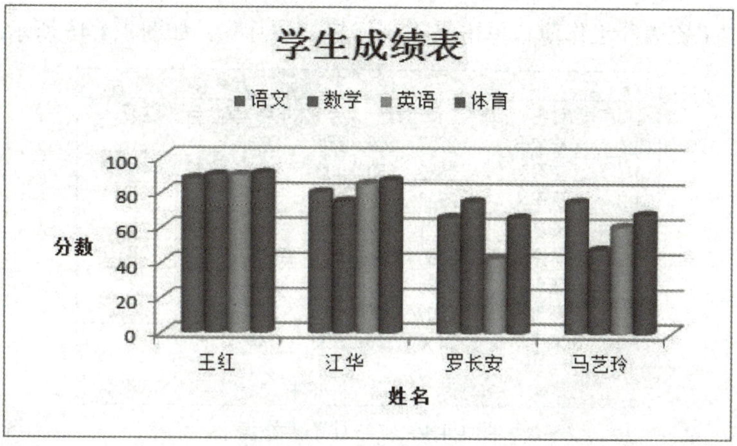


图 1.4.44　柱形圆柱图

② 将图表标题设为黑体、蓝色、20 号字。

选定图表标题“学生成绩表”，在“开始”选项卡“字体”组中设置黑体、蓝色、20 号字，如图 1.4.26（a）所示。类似地，可建立图 1.4.26（b）所示的学号为双数的学生的柱形圆柱图表。

③ 将“王红”的英语成绩改为 98，体育成绩改为 65，观察图表的变化。

单击 G2 单元格，输入“98”；单击 H2 单元格，输入“65”，按【Enter】键。

④ 存盘退出。

### 五、综合应用

创建一个名为 ex3.xlsx 的工作簿，在 ex3.xlsx 工作簿的 Sheet1 工作表中，输入图 1.4.45 所示的内容。

| | A | B | C | D | E | F | G | H | I | J | K | L | M |
|---|---|---|---|---|---|---|---|---|---|---|---|---|---|
| 1 | 大宇房产公司2013年销售量与均价统计表 | | | | | | | | | | | | |
| 2 | | 1月 | 2月 | 3月 | 4月 | 5月 | 6月 | 7月 | 8月 | 9月 | 10月 | 11月 | 12月 |
| 3 | 销售量（套） | 14 | 5 | 12 | 35 | 45 | 62 | 43 | 23 | 12 | 24 | 51 | 49 |
| 4 | 销售均价（元） | 6752 | 6823 | 6912 | 6903 | 6922 | 6913 | 6892 | 6950 | 6909 | 6897 | 6798 | 6891 |

图 1.4.45　ex3 工作簿内容

## 实训三　Excel 2016 综合应用

### 一、实训目的

（1）熟练掌握 Excel 2016 数据的建立和编辑。

（2）熟练掌握公式和函数的使用。

（3）掌握工作表的编辑和格式化。

（4）掌握 Excel 2016 数据的排序、筛选。

### 二、实训内容

#### 1. 用公式处理数据

（1）打开“工资表”工作簿，单击工作表标签“一月”，如图 1.4.46 所示。

| | A | B | C | D | E | F | G | H |
|---|---|---|---|---|---|---|---|---|
| 1 | 序号 | 姓名 | 基本工资 | 津贴 | 奖金 | 水电费 | 保险金 | 工资 |
| 2 | 1 | 李宝田 | 2750 | 500 | 350 | 89.3 | | |
| 3 | 2 | 王习武 | 2682 | 350 | 400 | 56.9 | | |
| 4 | 3 | 萨于凡 | 2528 | 500 | 250 | 77.8 | | |
| 5 | 4 | 龚民 | 2621 | 400 | 250 | 26.4 | | |
| 6 | 5 | 林逸夫 | 1980 | 300 | 350 | 31.05 | | |
| 7 | 6 | 张小宁 | 2486 | 500 | 400 | 34.8 | | |
| 8 | 7 | 邢为民 | 3500 | 400 | 500 | 56.7 | | |
| 9 | 8 | 朱德志 | 2466 | 300 | 550 | 44 | | |
| 10 | | | | | | | | |

基本信息　一月

图 1.4.46　“一月”工作表

（2）保险金的计算。

① 在编辑栏或 G2 单元格中输入“=C2*0.05”。公式中的“C2”也可以单击 C2 单元格。如图 1.4.47 所示，然后按【Enter】键结束输入。

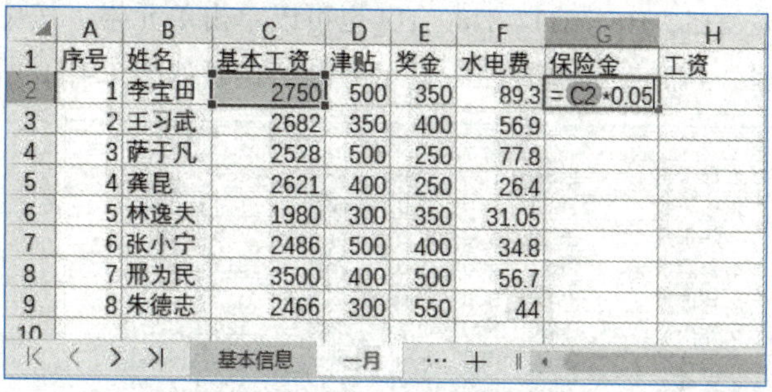

| | A | B | C | D | E | F | G | H |
|---|---|---|---|---|---|---|---|---|
| 1 | 序号 | 姓名 | 基本工资 | 津贴 | 奖金 | 水电费 | 保险金 | 工资 |
| 2 | 1 | 李宝田 | 2750 | 500 | 350 | 89.3 | =C2*0.05 | |
| 3 | 2 | 王习武 | 2682 | 350 | 400 | 56.9 | | |
| 4 | 3 | 萨于凡 | 2528 | 500 | 250 | 77.8 | | |
| 5 | 4 | 龚昆 | 2621 | 400 | 250 | 26.4 | | |
| 6 | 5 | 林逸夫 | 1980 | 300 | 350 | 31.05 | | |
| 7 | 6 | 张小宁 | 2486 | 500 | 400 | 34.8 | | |
| 8 | 7 | 邢为民 | 3500 | 400 | 500 | 56.7 | | |
| 9 | 8 | 朱德志 | 2466 | 300 | 550 | 44 | | |
| 10 | | | | | | | | |



图 1.4.47　G2 单元格的公式

② G2 中显示数据“137.5”，编辑栏中显示的是公式。

（3）将鼠标放到 G2 的右下角，当出现“+”填充柄时，向下拖动鼠标，完成数据的计算填充，如图 1.4.48 所示。

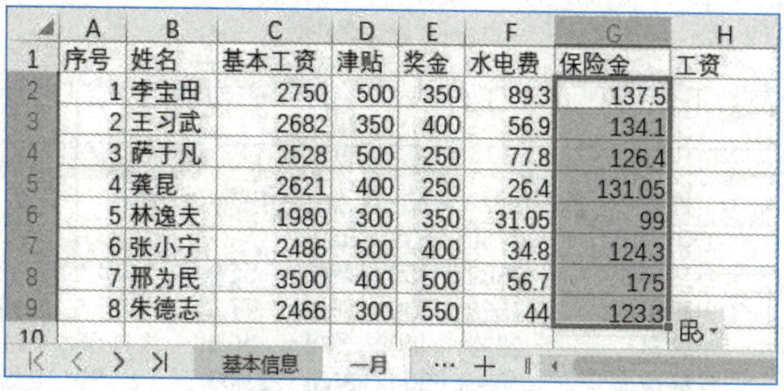

| | A | B | C | D | E | F | G | H |
|---|---|---|---|---|---|---|---|---|
| 1 | 序号 | 姓名 | 基本工资 | 津贴 | 奖金 | 水电费 | 保险金 | 工资 |
| 2 | 1 | 李宝田 | 2750 | 500 | 350 | 89.3 | 137.5 | |
| 3 | 2 | 王习武 | 2682 | 350 | 400 | 56.9 | 134.1 | |
| 4 | 3 | 萨于凡 | 2528 | 500 | 250 | 77.8 | 126.4 | |
| 5 | 4 | 龚昆 | 2621 | 400 | 250 | 26.4 | 131.05 | |
| 6 | 5 | 林逸夫 | 1980 | 300 | 350 | 31.05 | 99 | |
| 7 | 6 | 张小宁 | 2486 | 500 | 400 | 34.8 | 124.3 | |
| 8 | 7 | 邢为民 | 3500 | 400 | 500 | 56.7 | 175 | |
| 9 | 8 | 朱德志 | 2466 | 300 | 550 | 44 | 123.3 | |
| 10 | | | | | | | | |



图 1.4.48　G 列数据

（4）完成工资的计算。

① 同计算保险金相似，在 H2 单元格中或编辑栏中输入“=C2+D2+E2-F2-G2”，按【Enter】键结束输入。H2 中显示数据“3373.2”，编辑栏中显示的是公式。

② 将鼠标放到 H2 单元格的右下角，当出现“+”填充柄时，向下拖动鼠标，完成数据的计算填充，如图 1.4.49 所示。

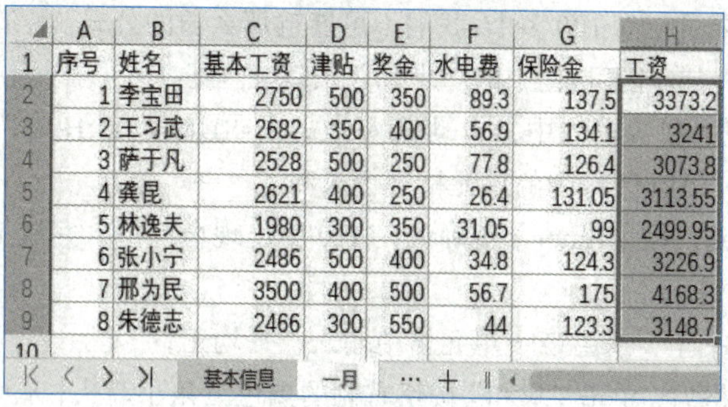

| | A | B | C | D | E | F | G | H |
|---|---|---|---|---|---|---|---|---|
| 1 | 序号 | 姓名 | 基本工资 | 津贴 | 奖金 | 水电费 | 保险金 | 工资 |
| 2 | 1 | 李宝田 | 2750 | 500 | 350 | 89.3 | 137.5 | 3373.2 |
| 3 | 2 | 王习武 | 2682 | 350 | 400 | 56.9 | 134.1 | 3241 |
| 4 | 3 | 萨于凡 | 2528 | 500 | 250 | 77.8 | 126.4 | 3073.8 |
| 5 | 4 | 龚昆 | 2621 | 400 | 250 | 26.4 | 131.05 | 3113.55 |
| 6 | 5 | 林逸夫 | 1980 | 300 | 350 | 31.05 | 99 | 2499.95 |
| 7 | 6 | 张小宁 | 2486 | 500 | 400 | 34.8 | 124.3 | 3226.9 |
| 8 | 7 | 邢为民 | 3500 | 400 | 500 | 56.7 | 175 | 4168.3 |
| 9 | 8 | 朱德志 | 2466 | 300 | 550 | 44 | 123.3 | 3148.7 |
| 10 | | | | | | | | |



图 1.4.49　H 列数据

（5）工资总计。

① 单击 G10 单元格，输入“工资总计”。

② 单击 H10 单元格，单元格或编辑栏中输入“=H2+H3+H4+H5+H6+H7+H8+H9”。其中公式中的 H2、H3、H4、H5、H6、H7、H8、H9 也可以单击单元格，按【Enter】键结束输入。

③ H10 中显示数据“####”，编辑栏中显示的是公式，如图 1.4.50 所示。

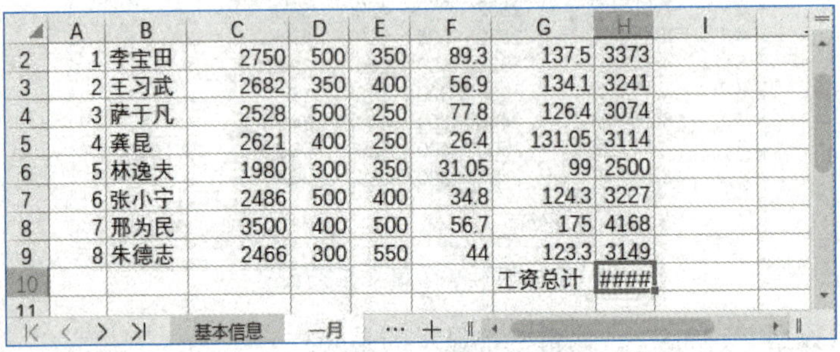

| | A | B | C | D | E | F | G | H | I |
|---|---|---|---|---|---|---|---|---|---|
| 2 | 1 | 李宝田 | 2750 | 500 | 350 | 89.3 | 137.5 | 3373 | |
| 3 | 2 | 王习武 | 2682 | 350 | 400 | 56.9 | 134.1 | 3241 | |
| 4 | 3 | 萨于凡 | 2528 | 500 | 250 | 77.8 | 126.4 | 3074 | |
| 5 | 4 | 龚昆 | 2621 | 400 | 250 | 26.4 | 131.05 | 3114 | |
| 6 | 5 | 林逸夫 | 1980 | 300 | 350 | 31.05 | 99 | 2500 | |
| 7 | 6 | 张小宁 | 2486 | 500 | 400 | 34.8 | 124.3 | 3227 | |
| 8 | 7 | 邢为民 | 3500 | 400 | 500 | 56.7 | 175 | 4168 | |
| 9 | 8 | 朱德志 | 2466 | 300 | 550 | 44 | 123.3 | 3149 | |
| 10 | | | | | | | 工资总计 | #### | |
| 11 | | | | | | | | | |

基本信息　一月

图 1.4.50　H10 单元格数据

④ 选择“开始”→“行和列”→“最适合的列宽”命令，H10 则显示正确的数据“25845.4”。

## 2．使用函数处理数据

（1）打开“工资表”工作簿，单击工作表“一月”，如图 1.4.51 所示。

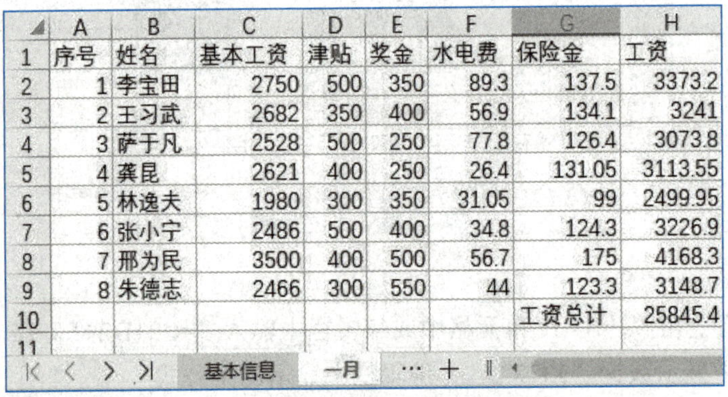

| | A | B | C | D | E | F | G | H |
|---|---|---|---|---|---|---|---|---|
| 1 | 序号 | 姓名 | 基本工资 | 津贴 | 奖金 | 水电费 | 保险金 | 工资 |
| 2 | 1 | 李宝田 | 2750 | 500 | 350 | 89.3 | 137.5 | 3373.2 |
| 3 | 2 | 王习武 | 2682 | 350 | 400 | 56.9 | 134.1 | 3241 |
| 4 | 3 | 萨于凡 | 2528 | 500 | 250 | 77.8 | 126.4 | 3073.8 |
| 5 | 4 | 龚昆 | 2621 | 400 | 250 | 26.4 | 131.05 | 3113.55 |
| 6 | 5 | 林逸夫 | 1980 | 300 | 350 | 31.05 | 99 | 2499.95 |
| 7 | 6 | 张小宁 | 2486 | 500 | 400 | 34.8 | 124.3 | 3226.9 |
| 8 | 7 | 邢为民 | 3500 | 400 | 500 | 56.7 | 175 | 4168.3 |
| 9 | 8 | 朱德志 | 2466 | 300 | 550 | 44 | 123.3 | 3148.7 |
| 10 | | | | | | | 工资总计 | 25845.4 |
| 11 | | | | | | | | |

基本信息　一月

图 1.4.51　“一月”工作表

（2）利用函数完成工资计算。单击 H10 单元格，编辑栏中出现公式“=H2+H3+H4+H5+H6+H7+H8+H9”，如果员工有 100 多个，我们不可能输那么长的公式。现在用函数完成工资总计。

① 单击 H10 单元，单击工具栏中的“求和”按钮。

② 在 H10 单元格中和编辑栏中会自动填入公式“=SUM（H2:H9）”；此时，H2:H9 区域的边框在闪烁，指对 H2:H9 区域中的单元格进行求和。

③ 不修改数据区域，按【Enter】键确认，H10 中出现合计值，完成工资的总计。

（3）计算平均工资。

① 单击工作表“一月”，在 G11 单元格中输入“平均工资”。

② 选中 H11 单元格后，单击“求和”按钮右侧的黑色三角小箭头，从中选择“平均值”命令，如图 1.4.52 所示。

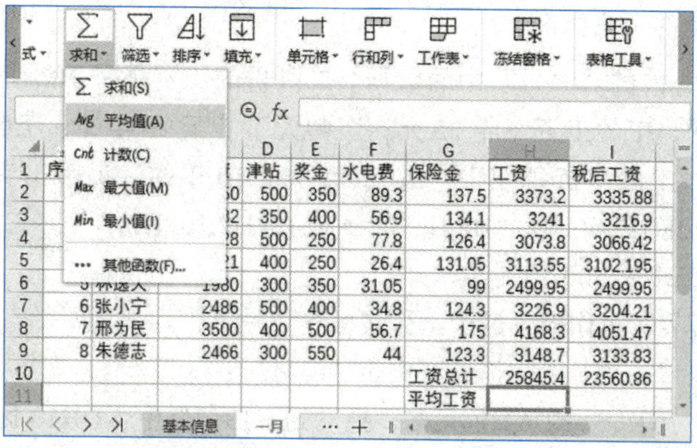

图 1.4.52 平均值的计算

③ 在 H11 单元格中和编辑栏中会自动填入公式“=AVERAGE(H2:H10)”。此时，H2:H10 区域的边框在闪烁，指对 H2:H10 区域中的单元格进行求平均值。与要求不符合，所以在 H11 单元格中或编辑栏中把“H10”，修改成“H9”。

④ 按【Enter】键确认后，H11 中出现平均值。

（4）求最高工资。

① G12 单元格中输入“最高工资”。

② 选中 H12 单元格后，单击“求和”按钮右侧的黑色三角小箭头。从中选择“最大值”命令，在 H12 单元格中和编辑栏中会自动填入公式“=MAX（H2:H11）”。

③ 此时，H2:H11 区域的边框在闪烁，指对 H2: H11 区域中的单元格进行求和，与要求不符合，所以在 H12 单元格中或编辑栏中把“H11”，修改成“H9”。

④ 按【Enter】键确认后，H12 中出现最高工资。

（5）求最低工资。

① 在 G13 单元格中输入“最低工资”。

② 单击“求和”按钮右侧的黑色三角小箭头。从中选择最小值，用同样的方法可完成最低工资的计算，如图 1.4.53 所示。

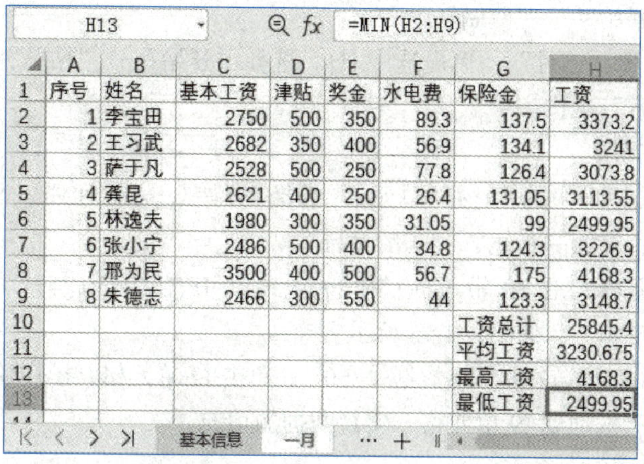


| | A | B | C | D | E | F | G | H |
|---|---|---|---|---|---|---|---|---|
| 1 | 序号 | 姓名 | 基本工资 | 津贴 | 奖金 | 水电费 | 保险金 | 工资 |
| 2 | 1 | 李宝田 | 2750 | 500 | 350 | 89.3 | 137.5 | 3373.2 |
| 3 | 2 | 王习武 | 2682 | 350 | 400 | 56.9 | 134.1 | 3241 |
| 4 | 3 | 萨于凡 | 2528 | 500 | 250 | 77.8 | 126.4 | 3073.8 |
| 5 | 4 | 龚昆 | 2621 | 400 | 250 | 26.4 | 131.05 | 3113.55 |
| 6 | 5 | 林逸夫 | 1980 | 300 | 350 | 31.05 | 99 | 2499.95 |
| 7 | 6 | 张小宁 | 2486 | 500 | 400 | 34.8 | 124.3 | 3226.9 |
| 8 | 7 | 邢为民 | 3500 | 400 | 500 | 56.7 | 175 | 4168.3 |
| 9 | 8 | 朱德志 | 2466 | 300 | 550 | 44 | 123.3 | 3148.7 |
| 10 | | | | | | | 工资总计 | 25845.4 |
| 11 | | | | | | | 平均工资 | 3230.675 |
| 12 | | | | | | | 最高工资 | 4168.3 |
| 13 | | | | | | | 最低工资 | 2499.95 |

图 1.4.53 最低工资计算

### 3．建立第一季度的工资报表

一月份的工资同先前的“一月”中的数据。二月份的工资是有工龄工资的，工龄工资为：工龄大于等于30年的，工龄工资每年25元；工龄大于等于20年的，工龄工资每年20元；工龄大于等于10年的，工龄工资每年15元；工龄少于10年的，工龄工资每年10元；公式为“=IF(H2>=30,25*H2,IF(H2>=20,20*H2,IF(H2>=10,15*H2,10*H2)))”。三月份的工资是在二月份的基础上有季度奖，每人500元。

（1）打开“工资表”工作簿，选中工作表标签“一月”。

（2）复制工作表“一月”的数据到工作表“二月”：

① 单击工作表“一月”中的A1单元格，拖动到H13，选中A1:H13区域，选择“开始”→“复制”命令。

② 单击工作表“二月”，选中A1单元格，选择“开始”→“粘贴”命令，选中G10: H13区域，删除统计数据，如图1.4.54所示。

| | A | B | C | D | E | F | G | H |
|---|---|---|---|---|---|---|---|---|
| 1 | 序号 | 姓名 | 基本工资 | 津贴 | 奖金 | 水电费 | 保险金 | 工资 |
| 2 | 1 | 李宝田 | 2750 | 500 | 350 | 89.3 | 137.5 | 3373.2 |
| 3 | 2 | 王习武 | 2682 | 350 | 400 | 56.9 | 134.1 | 3241 |
| 4 | 3 | 萨于凡 | 2528 | 500 | 250 | 77.8 | 126.4 | 3073.8 |
| 5 | 4 | 龚昆 | 2621 | 400 | 250 | 26.4 | 131.05 | 3113.55 |
| 6 | 5 | 林逸夫 | 1980 | 300 | 350 | 31.05 | 99 | 2499.95 |
| 7 | 6 | 张小宁 | 2486 | 500 | 400 | 34.8 | 124.3 | 3226.9 |
| 8 | 7 | 邢为民 | 3500 | 400 | 500 | 56.7 | 175 | 4168.3 |
| 9 | 8 | 朱德志 | 2466 | 300 | 550 | 44 | 123.3 | 3148.7 |
| 10 | | | | | | | | |

一月　二月　三月

图1.4.54　“二月”工作表

（3）复制工作表“基本信息”的“工龄”列数据到工作表“二月”中：

① 单击工作表“二月”中的“工资”单元格，选择“开始”→“行和列”→“插入单元格”→“在左侧插入1列”命令。

② 单击底部工作表标签“基本信息”，单击F1单元格，拖动到F9单元格，选中“工龄”字段的数据，选择“开始”→“复制”命令。

③ 单击工作表标签“二月”，单击选中H1，选择“开始”→“粘贴”命令，将“工龄”字段的数据复制到“二月”工作表中。

（4）计算工龄工资。

① 单击工作表“二月”中的“工资”单元格，选择“开始”→“行和列”→“插入单元格”→“在左侧插入1列”命令，在第一行输入“工龄工资”。

② 单击I2单元格，在编辑栏中输入公式“=IF(H2>=30,25*H2,IF(H2>=20,20*H2,IF(H2>=10,15*H2,10*H2)))”，如图1.4.55所示。

③ 按【Enter】键确定，I2中出现数据“750”，单击I2单元格，指针变成一个细实线的“+”字复制柄时，鼠标向下拖动到I9单元格，实现数据的填充。

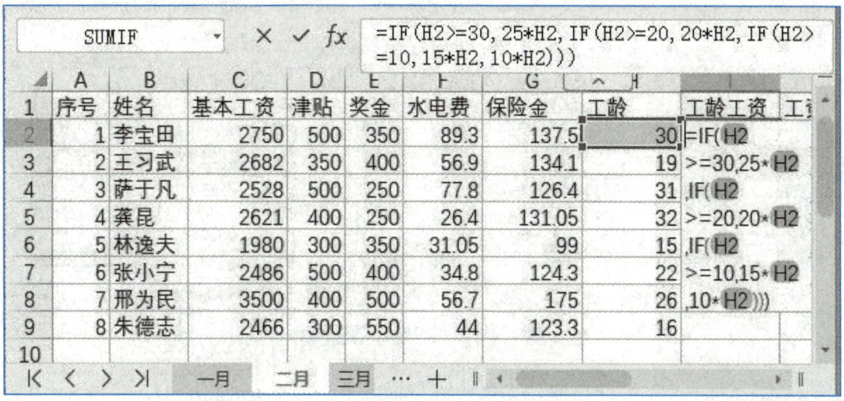

SUMIF　=IF(H2>=30,25*H2,IF(H2>=20,20*H2,IF(H2>=10,15*H2,10*H2)))

| | A | B | C | D | E | F | G | H | I | J |
|---|---|---|---|---|---|---|---|---|---|---|
| 1 | 序号 | 姓名 | 基本工资 | 津贴 | 奖金 | 水电费 | 保险金 | 工龄 | 工龄工资 | 工资 |
| 2 | 1 | 李宝田 | 2750 | 500 | 350 | 89.3 | 137.5 | 30 | =IF(H2 | |
| 3 | 2 | 王习武 | 2682 | 350 | 400 | 56.9 | 134.1 | 19 | >=30,25*H2 | |
| 4 | 3 | 萨于凡 | 2528 | 500 | 250 | 77.8 | 126.4 | 31 | ,IF(H2 | |
| 5 | 4 | 龚昆 | 2621 | 400 | 250 | 26.4 | 131.05 | 32 | >=20,20*H2 | |
| 6 | 5 | 林逸夫 | 1980 | 300 | 350 | 31.05 | 99 | 15 | ,IF(H2 | |
| 7 | 6 | 张小宁 | 2486 | 500 | 400 | 34.8 | 124.3 | 22 | >=10,15*H2 | |
| 8 | 7 | 邢为民 | 3500 | 400 | 500 | 56.7 | 175 | 26 | ,10*H2))) | |
| 9 | 8 | 朱德志 | 2466 | 300 | 550 | 44 | 123.3 | 16 | | |
| 10 | | | | | | | | | | |

一月　二月　三月

图 1.4.55　工龄工资的计算

（5）重新计算“工资”列。

① 单击“工资”下的单元格 J2，编辑栏中出现公式，将它改为“=C2+D2+E2−F2−G2+I2”，按【Enter】键确定，J2 中出现数据。

② 单击 J2 单元格，指针变成一个细实线的“+”字复制柄时，鼠标向下拖动到 J9，实现数据的填充，如图 1.4.56 所示。

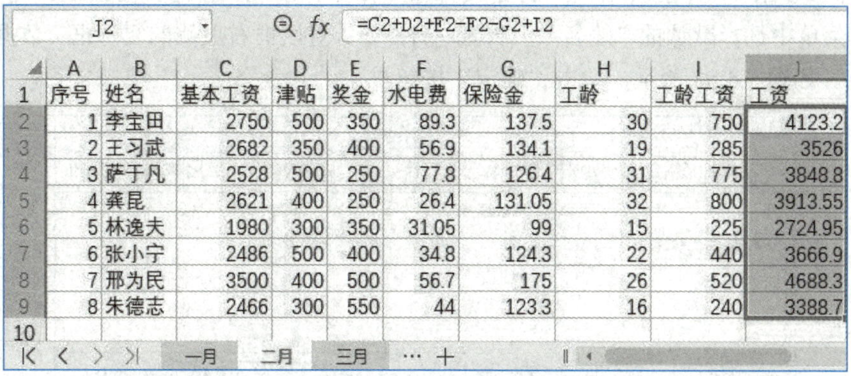

J2　=C2+D2+E2-F2-G2+I2

| | A | B | C | D | E | F | G | H | I | J |
|---|---|---|---|---|---|---|---|---|---|---|
| 1 | 序号 | 姓名 | 基本工资 | 津贴 | 奖金 | 水电费 | 保险金 | 工龄 | 工龄工资 | 工资 |
| 2 | 1 | 李宝田 | 2750 | 500 | 350 | 89.3 | 137.5 | 30 | 750 | 4123.2 |
| 3 | 2 | 王习武 | 2682 | 350 | 400 | 56.9 | 134.1 | 19 | 285 | 3526 |
| 4 | 3 | 萨于凡 | 2528 | 500 | 250 | 77.8 | 126.4 | 31 | 775 | 3848.8 |
| 5 | 4 | 龚昆 | 2621 | 400 | 250 | 26.4 | 131.05 | 32 | 800 | 3913.55 |
| 6 | 5 | 林逸夫 | 1980 | 300 | 350 | 31.05 | 99 | 15 | 225 | 2724.95 |
| 7 | 6 | 张小宁 | 2486 | 500 | 400 | 34.8 | 124.3 | 22 | 440 | 3666.9 |
| 8 | 7 | 邢为民 | 3500 | 400 | 500 | 56.7 | 175 | 26 | 520 | 4688.3 |
| 9 | 8 | 朱德志 | 2466 | 300 | 550 | 44 | 123.3 | 16 | 240 | 3388.7 |
| 10 | | | | | | | | | | |

一月　二月　三月

图 1.4.56　工资列的重新计算

（6）单击 J2 单元格，发现公式仍然成立。

（7）如上面的操作，将工作表“二月”的内容复制到工作表“三月”中。

（8）添加“季度奖”列。

① 单击工作表标签“三月”，单击“工资”单元格，选择“开始”→“行和列”→“插入单元格”→“在左侧插入 1 列”命令，在此列第一行输入“季度奖”。

② 在此列第二行输入“500”，用复制柄完成单元格的数据填充。

（9）重新计算“工资”列数据。

① 单击“工资”下的单元格 K2，编辑栏中出现公式，将它改为“=C2+D2+E2−F2−G2+I2+J2”，按【Enter】键确定，K2 中出现数据。

② 单击 K2 单元格，指针变成一个细实线的“+”字复制柄时，鼠标向下拖动到 K9，实现数据的填充，如图 1.4.57 所示。

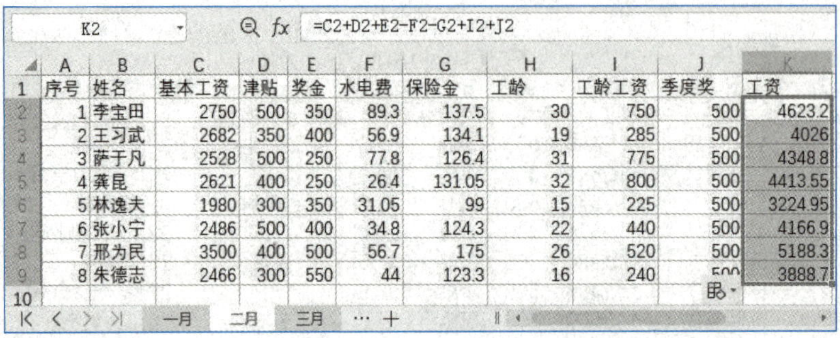

K2 =C2+D2+E2-F2-G2+I2+J2

| | A | B | C | D | E | F | G | H | I | J | K |
|---|---|---|---|---|---|---|---|---|---|---|---|
| 1 | 序号 | 姓名 | 基本工资 | 津贴 | 奖金 | 水电费 | 保险金 | 工龄 | 工龄工资 | 季度奖 | 工资 |
| 2 | 1 | 李宝田 | 2750 | 500 | 350 | 89.3 | 137.5 | 30 | 750 | 500 | 4623.2 |
| 3 | 2 | 王习武 | 2682 | 350 | 400 | 56.9 | 134.1 | 19 | 285 | 500 | 4026 |
| 4 | 3 | 萨于凡 | 2528 | 500 | 250 | 77.8 | 126.4 | 31 | 775 | 500 | 4348.8 |
| 5 | 4 | 龚昆 | 2621 | 400 | 250 | 26.4 | 131.05 | 32 | 800 | 500 | 4413.55 |
| 6 | 5 | 林逸夫 | 1980 | 300 | 350 | 31.05 | 99 | 15 | 225 | 500 | 3224.95 |
| 7 | 6 | 张小宁 | 2486 | 500 | 400 | 34.8 | 124.3 | 22 | 440 | 500 | 4166.9 |
| 8 | 7 | 邢为民 | 3500 | 400 | 500 | 56.7 | 175 | 26 | 520 | 500 | 5188.3 |
| 9 | 8 | 朱德志 | 2466 | 300 | 550 | 44 | 123.3 | 16 | 240 | 500 | 3888.7 |
| 10 | | | | | | | | | | | |

一月 二月 三月

图 1.4.57　K 列数据计算

## 4．排序和筛选

对“三月”工作表排序，第一次是对“姓名”排序，第二次是先按“奖金”排序，奖金相同时，按“姓名”排序。

（1）在此工作簿中选择“三月”工作表。

（2）按“姓名”排序。

① 选中数据清单中要进行排序的列：姓名。

② 选择“数据”→“排序”→“自定义排序”命令，出现“排序”对话框，在“主要关键字”的下拉菜单中选择默认的“姓名”，再选“升序”，对话框右上侧的复选框“数据包含标题”为选中状态。如图 1.4.58 所示，单击“确定”按钮。

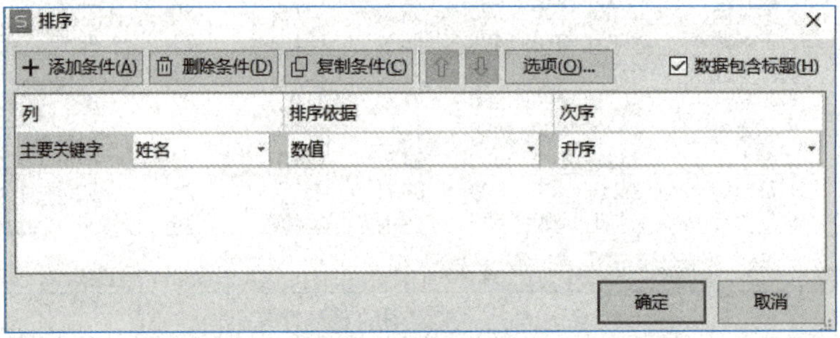


图 1.4.58　“排序”对话框

WPS 表格就会按照用户的要求，对数据清单中的所有记录进行排序，如图 1.4.59 所示。

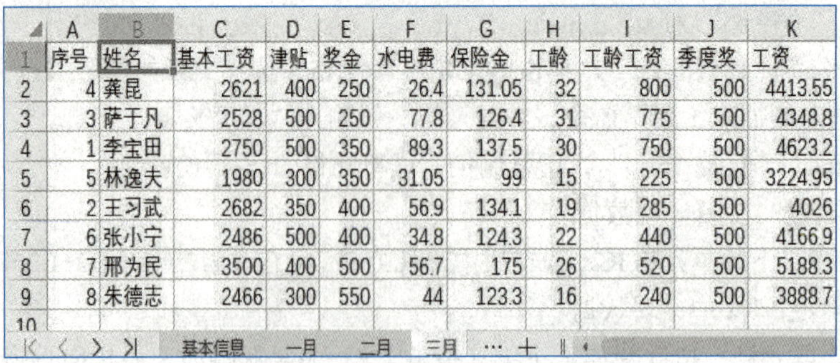

| | A | B | C | D | E | F | G | H | I | J | K |
|---|---|---|---|---|---|---|---|---|---|---|---|
| 1 | 序号 | 姓名 | 基本工资 | 津贴 | 奖金 | 水电费 | 保险金 | 工龄 | 工龄工资 | 季度奖 | 工资 |
| 2 | 4 | 龚昆 | 2621 | 400 | 250 | 26.4 | 131.05 | 32 | 800 | 500 | 4413.55 |
| 3 | 3 | 萨于凡 | 2528 | 500 | 250 | 77.8 | 126.4 | 31 | 775 | 500 | 4348.8 |
| 4 | 1 | 李宝田 | 2750 | 500 | 350 | 89.3 | 137.5 | 30 | 750 | 500 | 4623.2 |
| 5 | 5 | 林逸夫 | 1980 | 300 | 350 | 31.05 | 99 | 15 | 225 | 500 | 3224.95 |
| 6 | 2 | 王习武 | 2682 | 350 | 400 | 56.9 | 134.1 | 19 | 285 | 500 | 4026 |
| 7 | 6 | 张小宁 | 2486 | 500 | 400 | 34.8 | 124.3 | 22 | 440 | 500 | 4166.9 |
| 8 | 7 | 邢为民 | 3500 | 400 | 500 | 56.7 | 175 | 26 | 520 | 500 | 5188.3 |
| 9 | 8 | 朱德志 | 2466 | 300 | 550 | 44 | 123.3 | 16 | 240 | 500 | 3888.7 |
| 10 | | | | | | | | | | | |

基本信息 一月 二月 三月

图 1.4.59　按“姓名”字段排序

（3）先按“奖金”排序，相同的奖金按“姓名”排序。

① 选中数据清单中要进行排序的列：奖金。

② 选择“数据”→“排序”→“自定义排序”命令，出现“排序”对话框，在“主要关键字”的下拉菜单中选择默认的“奖金”，再选“升序”；在“次要关键字”的下拉菜单中选择默认的“姓名”，再选“升序”，单击“确定”按钮，完成排序。

（4）筛选“基本工资”前 5 位。

① 单击“三月”工作表的任意单元格，选择“数据”→“筛选”命令，此时在数据清单的每个字段的右侧出现一个下拉箭头。

② 单击“基本工资”字段名右侧的下拉箭头，从菜单中选择“数字筛选”→“前十项”命令，屏幕上将出现如图 1.4.60 所示的对话框，分别选择“最大”“5”“项”。

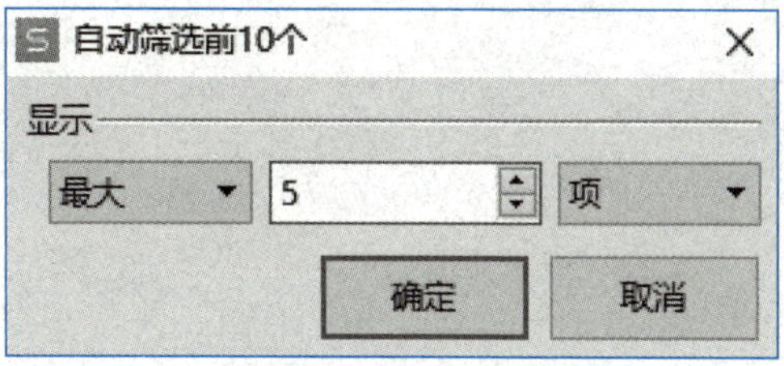


图 1.4.60 “自动筛选前 5 个”对话框

③ 单击“确定”按钮，筛选出数据清单中“基本工资”排在前五位的，如图 1.4.61 所示。

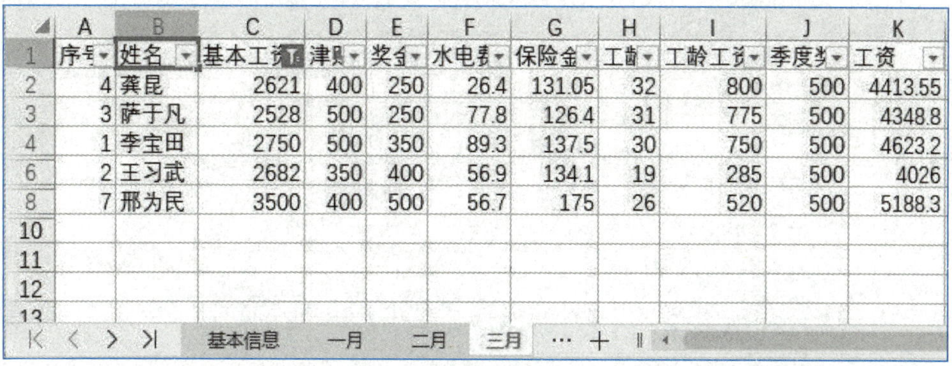

| | A | B | C | D | E | F | G | H | I | J | K |
|---|---|---|---|---|---|---|---|---|---|---|---|
| 1 | 序号 | 姓名 | 基本工资 | 津贴 | 奖金 | 水电费 | 保险金 | 工龄 | 工龄工资 | 季度奖 | 工资 |
| 2 | 4 | 龚昆 | 2621 | 400 | 250 | 26.4 | 131.05 | 32 | 800 | 500 | 4413.55 |
| 3 | 3 | 萨于凡 | 2528 | 500 | 250 | 77.8 | 126.4 | 31 | 775 | 500 | 4348.8 |
| 4 | 1 | 李宝田 | 2750 | 500 | 350 | 89.3 | 137.5 | 30 | 750 | 500 | 4623.2 |
| 6 | 2 | 王习武 | 2682 | 350 | 400 | 56.9 | 134.1 | 19 | 285 | 500 | 4026 |
| 8 | 7 | 邢为民 | 3500 | 400 | 500 | 56.7 | 175 | 26 | 520 | 500 | 5188.3 |
| 10 | | | | | | | | | | | |
| 11 | | | | | | | | | | | |
| 12 | | | | | | | | | | | |



图 1.4.61 筛选结果

（5）筛选出数据清单中基本工资在 2 500 ~ 4 500 之间的员工。

① 单击“基本工资”字段名右侧的下拉箭头，从菜单中选择“数字筛选”→“自定义筛选”命令，屏幕上将出现“自定义自动筛选方式”对话框。

② 在四个下拉列表中选“大于”“2500”“小于”“4500”，选中“与”单选按钮，如图 1.4.62 所示。单击“确定”按钮，即可得到想要的记录。

（6）退出筛选。再次选择“数据”→“筛选”命令，退出筛选。

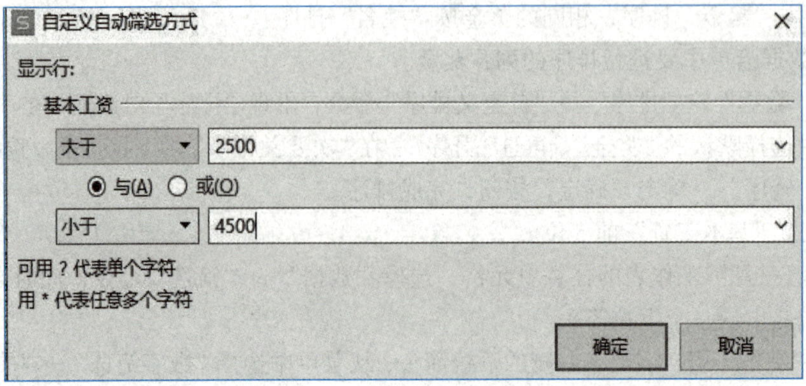


图 1.4.62 “自定义自动筛选方式”对话框

# 项目五 PowerPoint 2016 演示文稿制作软件及应用

## 实训一 演示文稿的建立、编辑和效果设置

### 一、实训目的

（1）掌握 PowerPoint 2016 的创建、打开及保存。

（2）熟练掌握幻灯片的文本输入、编辑。

（3）掌握幻灯片的图片、图表插入和编辑，会建立组织结构图。

（4）会利用幻灯片的版式、主题方案、样式等功能美化幻灯片。

（5）掌握幻灯片的插入、删除、复制，会改变幻灯片的顺序。

（6）掌握幻灯片切换效果的设置。

（7）掌握幻灯片动画和声音效果的设置。

（8）掌握幻灯片动作按钮和超链接的设置。

（9）掌握母版的使用。

（10）掌握自定义放映的设置。

### 二、实训内容

（1）在 D 盘下建立学生文件夹，命名为“学号 + 姓名”。

（2）在学生文件夹下，新建一个名为“南城百货商场 .pptx”的演示文稿，共八张幻灯片。

（3）第一张幻灯片设计主题为“切片”，第二张至第八张幻灯片设计主题为“丝状”。

（4）在第八张幻灯片后插入一张新幻灯片，版式设置为“标题和内容”。

（5）设置动画：将第一张幻灯片标题设置为自右侧飞入、单击时出现；第二张幻灯片标题设置为“浮入”；第三张幻灯片标题设置为“缩放”，正文内容设置为“弹跳”效果，图片设置为“劈裂”效果。

（6）设置幻灯片切换：设置所有幻灯片切换效果为“涡流”、自底部、持续时间 2 s，换页方式为 3 s 和“单击鼠标时”、声音为“打字机”。

（7）设置母版：用母版实现将第 2 ~ 8 张幻灯片的标题内容设置字体为华文行楷、48 号、红色。

（8）设置超链接：在第三张幻灯片“分店介绍”中创建指向“新城分店简介”幻灯片的文字超链接“新城分店”。

（9）设置动作按钮：在第九张幻灯片右下角添加“返回”按钮，单击该按钮立刻跳转到第三张。在第三张幻灯片右下角自定义动作按钮，添加“前进”“后退”和“退出”按钮，单击该按钮分别跳转到下一张、上一张幻灯片和结束放映。

（10）设置自定义放映，名称为“我的放映”，顺序为“1—3—4—2—5—6—7—8”。

（11）播放编辑好的幻灯片，比较它们的不同。

（12）存盘退出。

## 三、实训样式

实训样式，如图 1.5.1 至图 1.5.9 所示。

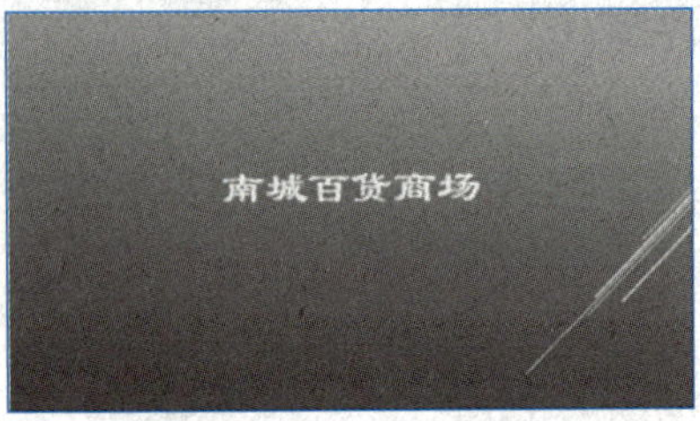


图 1.5.1　第一张幻灯片

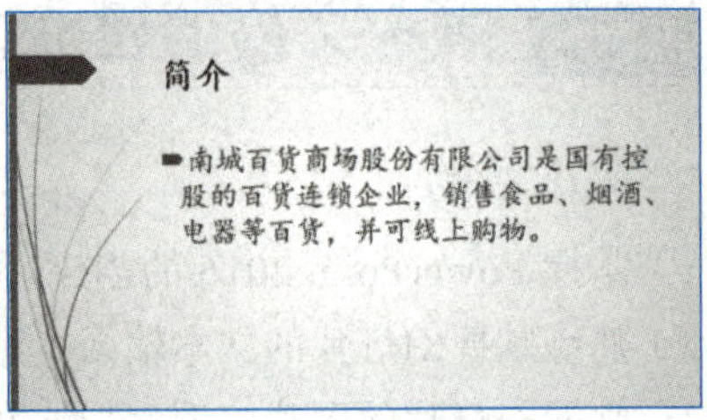


图 1.5.2　第二张幻灯片

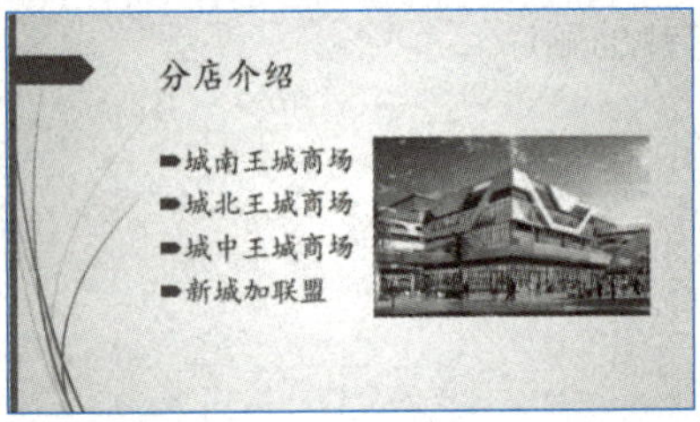


图 1.5.3　第三张幻灯片

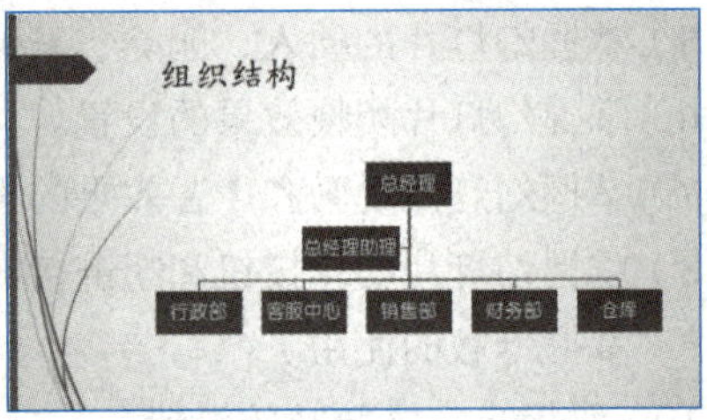


图 1.5.4　第四张幻灯片

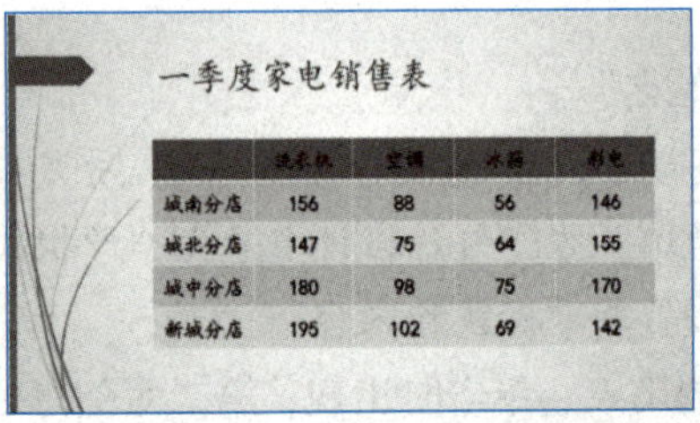


| | 洗衣机 | 空调 | 冰箱 | 彩电 |
|---|---|---|---|---|
| 城南分店 | 156 | 88 | 56 | 146 |
| 城北分店 | 147 | 75 | 64 | 155 |
| 城中分店 | 180 | 98 | 75 | 170 |
| 新城分店 | 195 | 102 | 69 | 142 |

图 1.5.5 第五张幻灯片

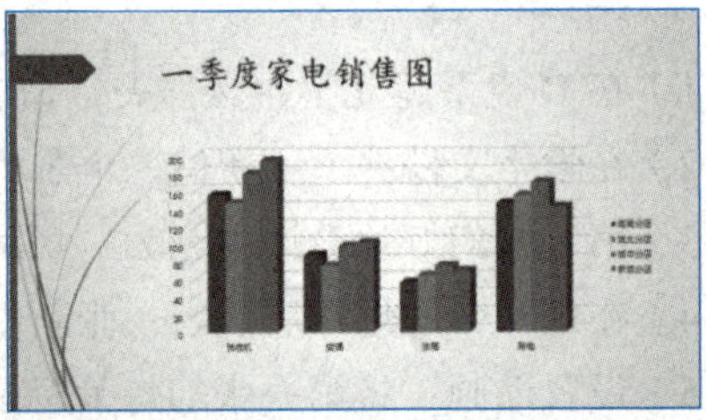


图 1.5.6　第六张幻灯片

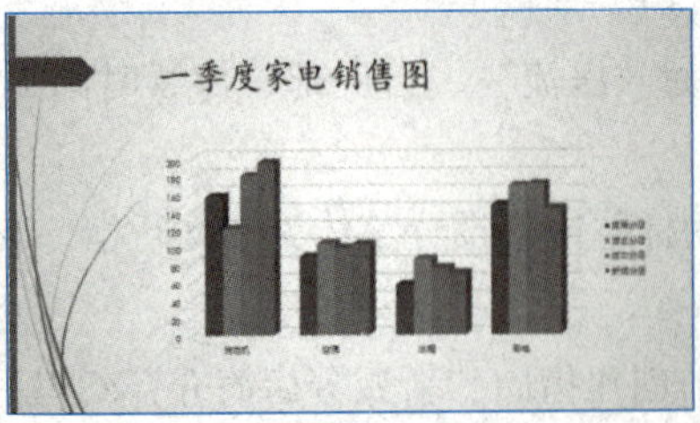


图 1.5.7　第七张幻灯片

图 1.5.8　第八张幻灯片

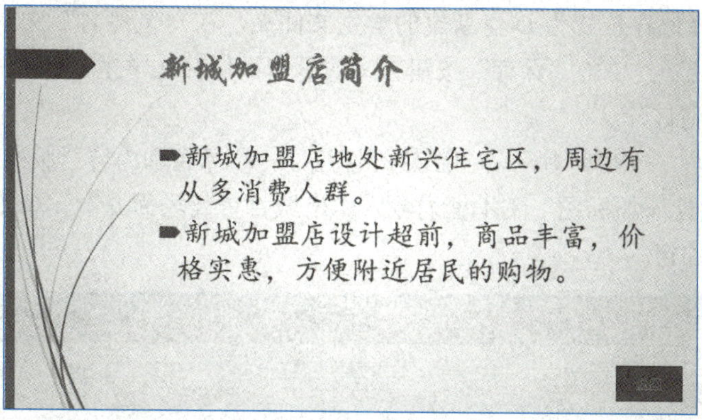


图 1.5.9　第九张幻灯片

## 四、实训步骤

（1）在 D 盘下建立学生文件夹，命名为“学号 + 姓名”。

打开 D 盘，单击右键，选择“新建”→“文件夹”命令，输入“学号 + 姓名”的文件夹名字。

（2）在学生文件夹下，新建一个名为“南城百货商场 .ppt”的演示文稿。

① 制作第一张幻灯片。

a. 选择“开始”→“程序”→ Microsoft Office → Microsoft Office PowerPoint 2016 命令。

b. 选择“文件”→“新建”→“空白演示文稿”命令，则新建了一个演示文稿。

c. 单击“设计”选项卡，在“主题”组中右击“切片”主题，从快捷菜单中选择“应用于选定幻灯片”，如图 1.5.10 所示，效果如图 1.5.1 所示。

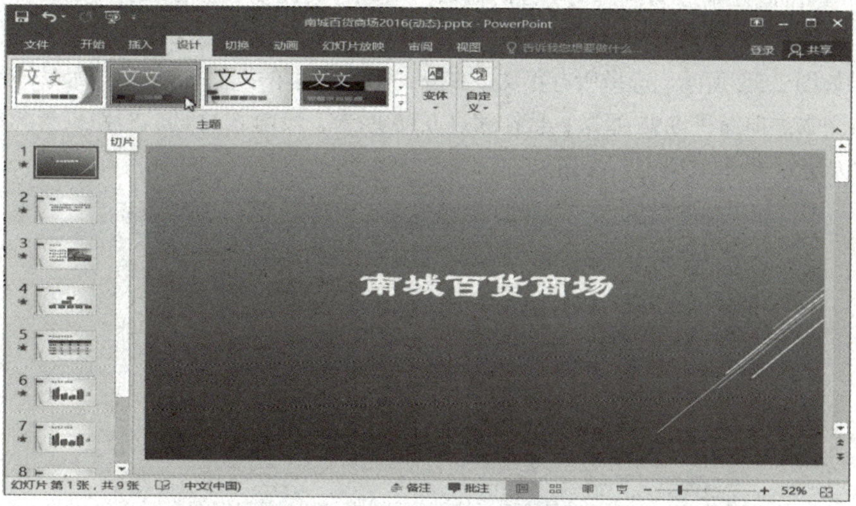


图 1.5.10　使用主题新建幻灯片

d. 在“单击此处添加标题”文本框内输入“南城百货商场”，单击标题边框，设置字体为隶书、60 号、加粗。

e. 选择“文件”→“保存”命令，打开“另存为”面板，双击“这台电脑”按钮，弹出“另存为”对话框，选择保存位置为 D 盘新建的学生文件夹。在“文件名”文本框中输入该文件的名字“南城百货商场”，单击“保存”按钮，将演示文稿保存在学生文件夹中。

② 制作第二张幻灯片。

a．单击“开始”→“幻灯片”→“新建幻灯片”→“标题和内容”版式，如图 1.5.11 所示。

b．在“单击此处添加标题”文本框内输入“南城百货商场简介”，单击标题边框，设置字体为楷体、48 号、加粗。

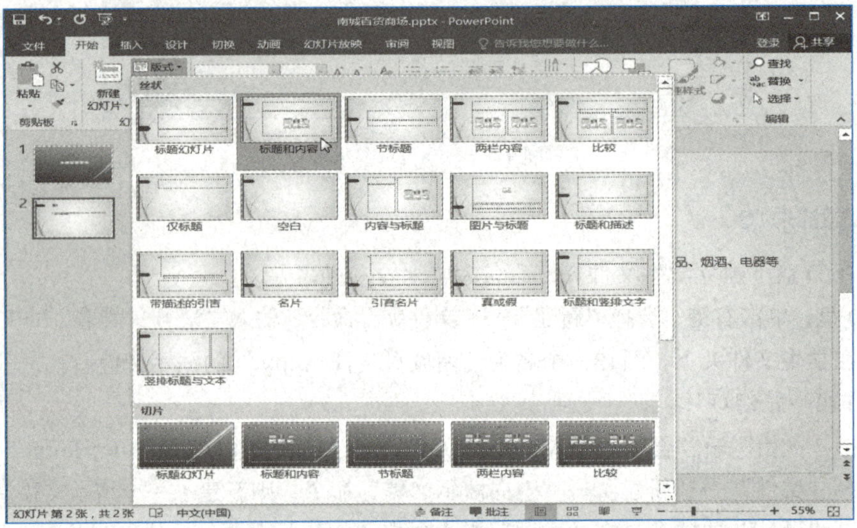

图 1.5.11　为幻灯片应用“标题和文本”版式

c．在“单击此处添加文本”文本框内输入“南城百货商场股份有限公司是国有控股的百货连锁企业，销售食品、烟酒、电器等百货，并可线上购物。”，单击文本框，设置字体为楷体、32 号，效果如图 1.5.2 所示。选择所有正文，右击，从快捷菜单中选择“段落”命令，弹出“段落”对话框，将文本之前缩进 0.95 厘米，悬挂缩进 0.95 厘米，段前 6.72 磅，行距设置为单倍行距，如图 1.5.12 所示，单击“确定”按钮。

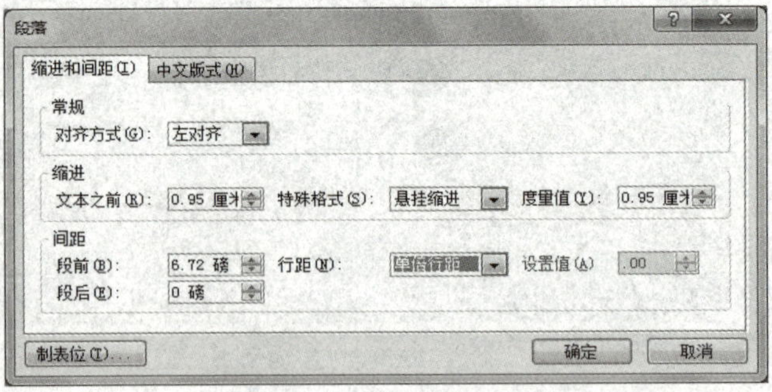

图 1.5.12　“段落”对话框

③ 制作第三张幻灯片。

a．单击“开始”→“幻灯片”→“新建幻灯片”→“两栏内容”版式，效果如图 1.5.13 所示。

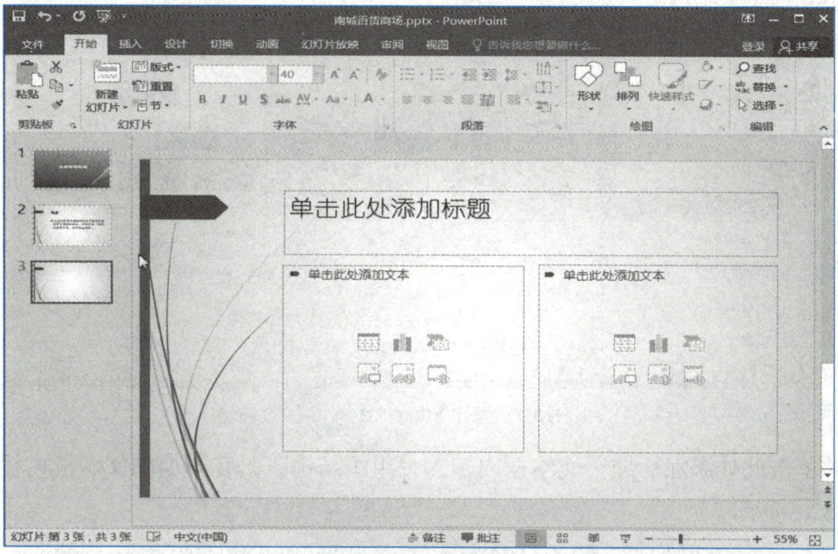


图 1.5.13　为幻灯片应用“标题与两栏内容”版式

b．在“单击此处添加标题”文本框内输入“分店介绍”，设为楷体、48 号，在左边的“单击此处添加文本”文本框内分别输入“城南王城商场、城北王城商场、城中王城商场、新城加联盟”设为楷体、40 号。

c．在右边的“单击此处添加文本”文本框内单击“图片”按钮，弹出“插入图片”对话框，选择其中的“百货商场 .jpg”文件，单击“确定”按钮，如图 1.5.14 所示。

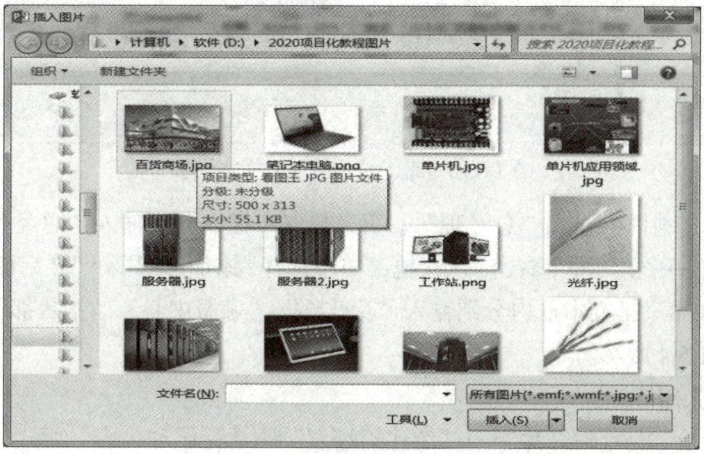


图 1.5.14　“插入图片”对话框

d．调整图片的大小，高度为 8.5 厘米，宽度为 13.5 厘米，并将图片调整到合适位置。

④ 制作第四张幻灯片。

a．单击“开始”→“幻灯片”→“新建幻灯片”→“标题和内容”版式。单击“插入”→“插图”→“SmartArt”按钮，弹出“选择 SmartArt 图形”对话框，选择图示类型为“层次结构”中的“组织结构图”，单击“确定”按钮，如图 1.5.15 所示。

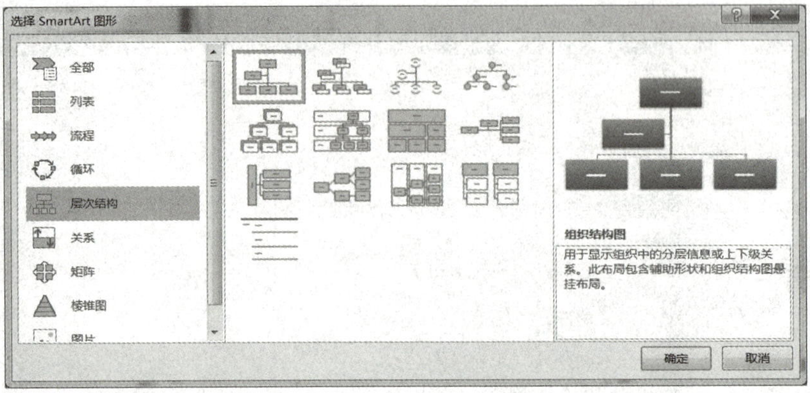


图 1.5.15 “选择 SmartArt 图形”对话框

b. 在“单击此处添加标题”文本框内输入“组织结构”，在下面的文本框内输入相应的信息，如图 1.5.16 所示。

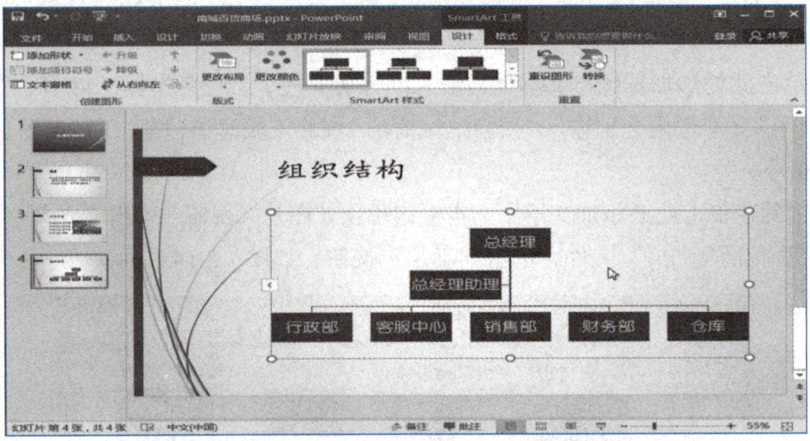


图 1.5.16 组织结构图输入文字设置

c. 在第一排文本框内输入“总经理”，第二排文本框内分别输入“总经理助理”，选择第三排文本框的任意一个文本框，右击，从快捷菜单中选择“添加形状”→“在后面添加形状”命令，添加两个形状，在第三排文本框内分别输入“行政部”“客服中心”“销售部”“财务部”“仓库”，效果如图 1.5.4 所示。

⑤ 制作第五张幻灯片。

a. 单击“开始”→“幻灯片”→“新建幻灯片”→“标题和内容”版式。在“单击此处添加文本”处单击“插入表格”按钮，则弹出“插入表格”对话框，设置“行数”和“列数”为 5，单击“确定”按钮，如图 1.5.17 所示。

b. 在“单击此处添加标题”文本框内输入“一季度家电销售表”，设置为楷体、48 号。

c. 在表格内输入图 1.5.5 所示文本，设为“中度样式 2，强调 1”。

d. 选定所有单元格，选择“表格工具 / 布局”→“对齐方式”→“垂直居中”命令，如图 1.5.18 所示，单击“关闭”按钮。

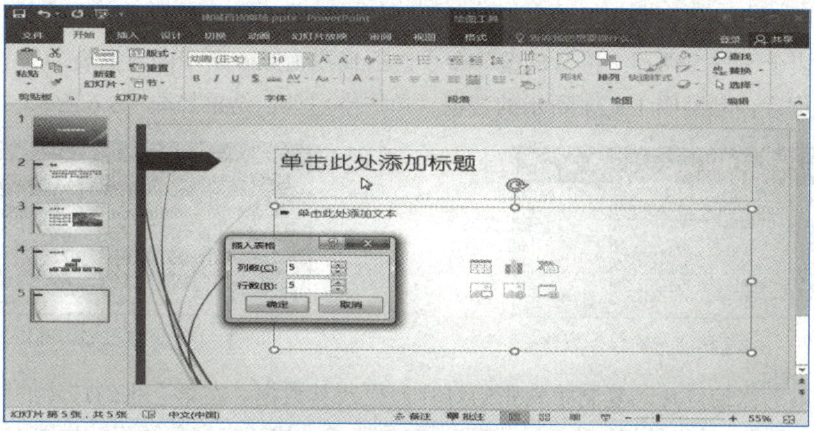


图 1.5.17 插入表格设置

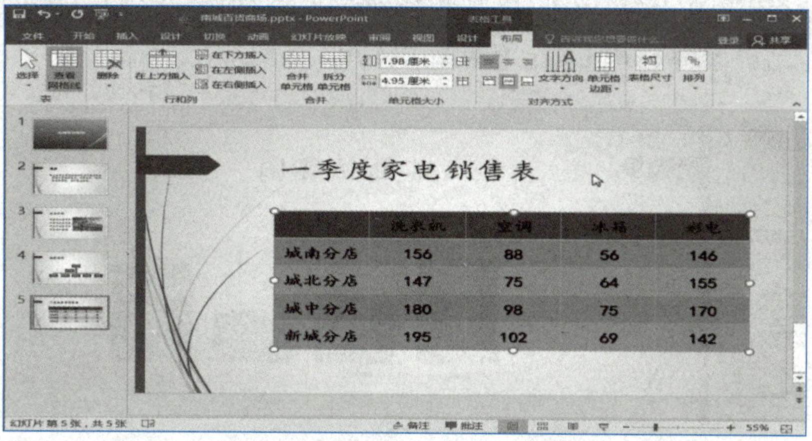


图 1.5.18 “设置形状格式”对话框

⑥ 制作第六张幻灯片。

a. 单击“开始”→“幻灯片”→“新建幻灯片”→“标题和内容”版式。在“单击此处添加文本”处单击“插入图表”按钮，弹出“插入图表”对话框，选择“三维簇状柱形图”版式，如图 1.5.19 所示。

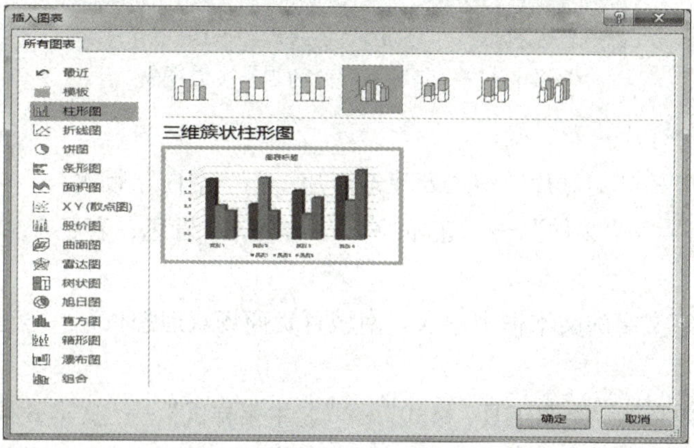


图 1.5.19 “插入图表”对话框

b．在“单击此处添加标题”文本框内输入“一季度家电销售图”。

c．在图表上右击，选择“编辑数据”命令，出现图 1.5.20 所示的数据表。

d．在数据表内粘贴图 1.5.21 所示的数据，单击空白处，结果如图 1.5.6 所示。

Microsoft PowerPoint 中的图表

| | A | B | C | D | E |
|---|---|---|---|---|---|
| 1 | | 系列 1 | 系列 2 | 系列 3 | |
| 2 | 类别 1 | 4.3 | 2.4 | 2 | |
| 3 | 类别 2 | 2.5 | 4.4 | 2 | |
| 4 | 类别 3 | 3.5 | 1.8 | 3 | |
| 5 | 类别 4 | 4.5 | 2.8 | 5 | |

图 1.5.20　南城商场——数据表之一

| | A | B | C | D | E |
|---|---|---|---|---|---|
| 1 | 列1 | 洗衣 | 空调 | 冰箱 | 彩电 |
| 2 | 城南分店 | 156 | 88 | 56 | 146 |
| 3 | 城北分店 | 147 | 75 | 64 | 155 |
| 4 | 城中分店 | 180 | 98 | 75 | 170 |
| 5 | 新城分店 | 195 | 102 | 69 | 142 |

图 1.5.21　南城商场一季度数据表

⑦ 制作第七张幻灯片。复制第六张幻灯片，更改其数据。在第七张幻灯片的图表上右击，从快捷菜单中选择“编辑数据”命令，如图 1.5.22 所示，修改相应的数据，如图 1.5.23 所示。

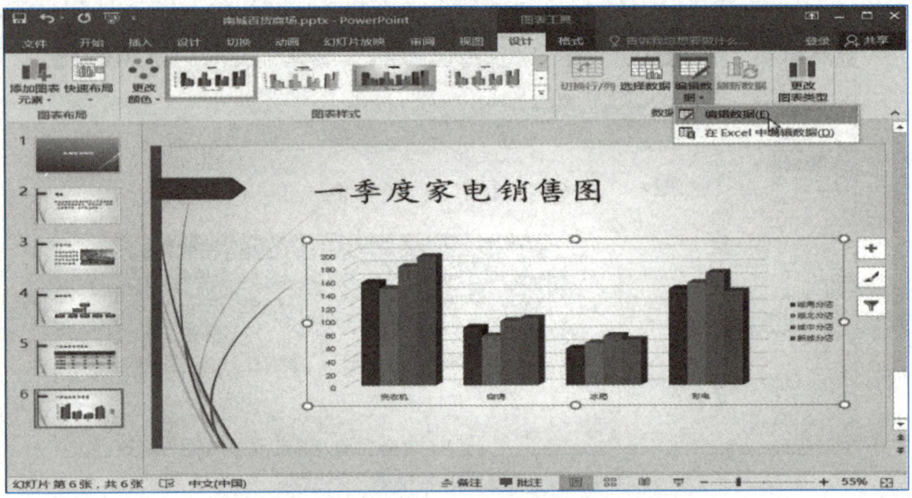


图 1.5.22　修改一季度图表数据设置

| | A | B | C | D | E |
|---|---|---|---|---|---|
| 1 | | 洗衣机 | 空调 | 冰箱 | 彩电 |
| 2 | 城南分店 | 156 | 88 | 56 | 146 |
| 3 | 城北分店 | 120 | 103 | 85 | 168 |
| 4 | 城中分店 | 180 | 98 | 75 | 170 |
| 5 | 新城分店 | 200 | 150 | 109 | 90 |

图 1.5.23　南城百货商场二季度数据表

⑧ 制作第八张幻灯片。

a．单击“开始”→“幻灯片”→“新建幻灯片”→“空白”版式。

b．选择“插入”→“文件”→“艺术字”→“填充 - 橙色，着色 2，轮廓 - 着色 2”，如图 1.5.24 所示。

c．在编辑艺术字文字的文本框中输入“南城百货商场欢迎您！”，设置为幼圆、54 号，如图 1.5.25 所示。

d．调整艺术字效果为“绘图工具 / 格式”→“艺术字样式”→“文本效果”→“转换”→“弯曲”→“正三角”，高度为 8 厘米，宽度为 20 厘米，移动到合适位置，效果如图 1.5.8 所示。

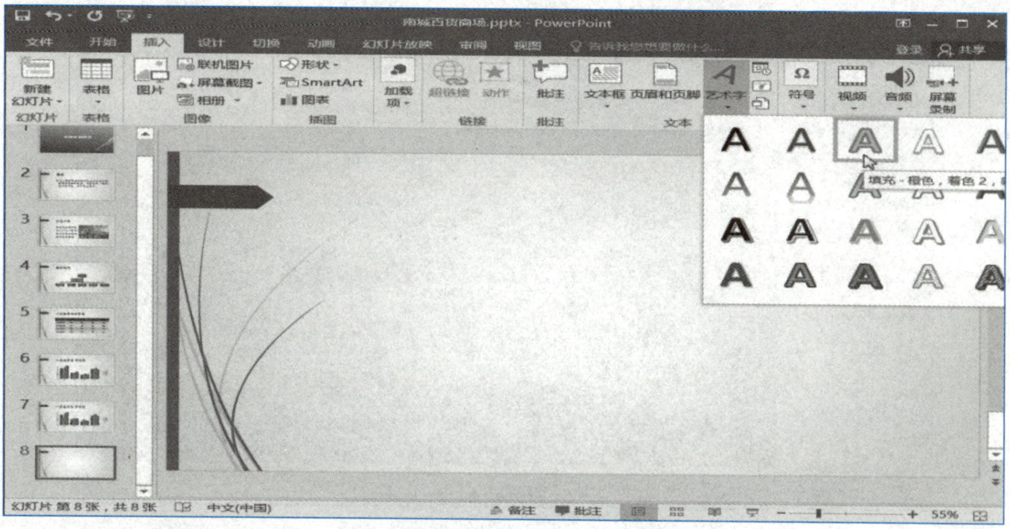


图 1.5.24 “插入艺术字”设置

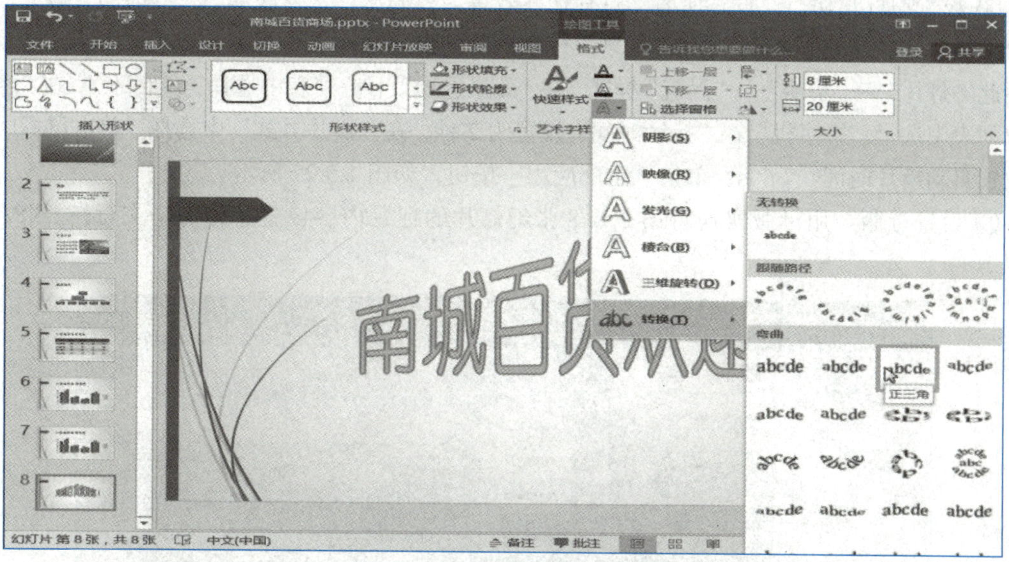


图 1.5.25 “输入艺术字”设置

⑨ 设置动画。将第一张幻灯片标题设置为自右侧飞入、单击时出现；第二张幻灯片标题设置为“浮入”；第三张幻灯片标题设置为“缩放”，正文内容设置为“弹跳”效果，图片设置为“劈裂”效果。

a．选择第一张幻灯片的标题，单击“动画”→“高级动画”→“添加动画”按钮，从“添加动画”下拉列表中选择“飞入”，如图 1.5.26 所示，从“动画”组“效果选项”下拉列表中选择“自右侧”。

b．用同样的方法设置第二张、第三张幻灯片的动画效果。

c．在“动画”→“计时”→“开始”下拉列表中选择“单击时”选项。

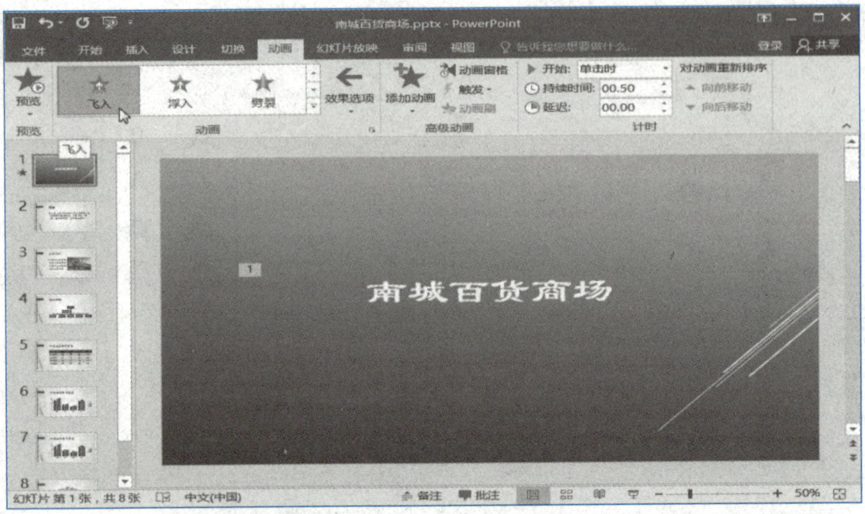

图 1.5.26　为幻灯片标题设置动画

⑩ 设置幻灯片切换。设置所有幻灯片切换效果为“涡流”、自底部、持续时间 2 秒，换页方式为 3 秒和“单击鼠标时”、声音为“打字机”。选定第一张幻灯片，选择“切换”→“切换到此幻灯片”→“华丽”→“涡流”样式，在“效果选项”下拉列表中选择“自底部”，在“声音”下拉列表中选择“打字机”，“持续时间”设置为 2 秒，在“换片方式”中选择“单击鼠标时”，“设置自动换片时间”为 3s，单击“全部应用”按钮，如图 1.5.27 所示。

⑪ 设置母版。用母版实现将第 2 ~ 8 张幻灯片的标题内容设置字体为华文行楷、48 号、红色。

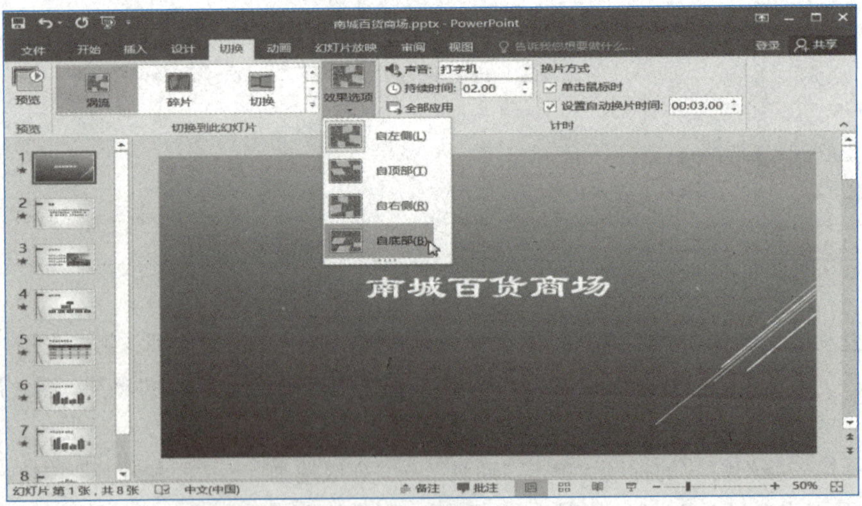

图 1.5.27　为幻灯片标题设置动画

单击“视图”→“母版视图”→“幻灯片母版”按钮，打开“幻灯片母版”视图，单击左窗格中的“丝状幻灯片母版：由幻灯片 2-8 使用”，然后在右窗格中选择“单击此处编辑母版标题样式”，如图 1.5.28 所示。单击“开始”选项卡，在“字体”组中设置字体为华文行楷、48 号、红色。

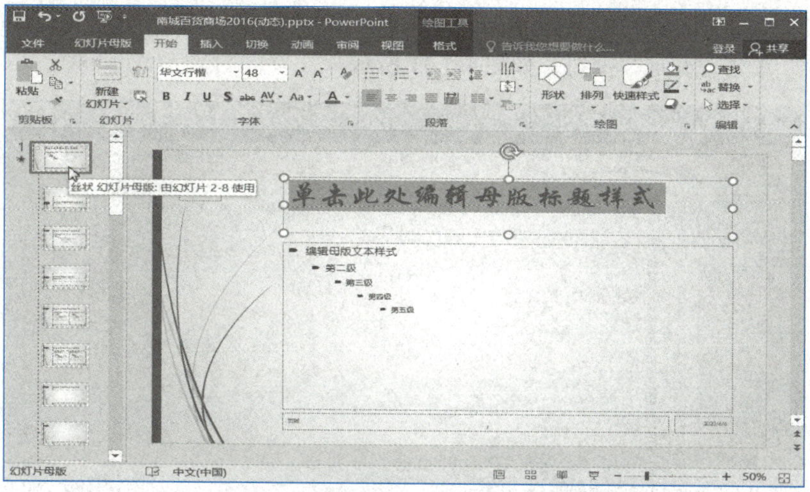


图 1.5.28　用母版为幻灯片标题设置字体

⑫ 设置超链接。在第三张幻灯片“分店介绍”中创建指向第九张幻灯片“新城分店简介”的文字超链接“新城分店”。

a．复制第二张幻灯片到第八张后面，把标题改为“新城分店简介”。

b．选择第三张幻灯片，选定文本“新城分店”，单击“插入”→“链接”→“超链接”命令，弹出“插入超链接”对话框。

c．选择在“链接到”列表中选择“本文档中的位置”，在“请选择文档中的位置”列表中选择“9. 新城加盟店简介”，单击“确定”按钮，如图 1.5.29 所示。

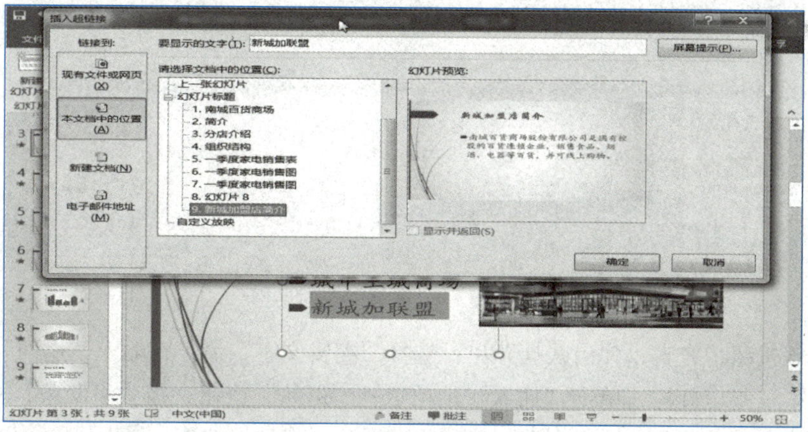


图 1.5.29　“插入超链接”对话框

⑬ 设置动作按钮。在第九张幻灯片右下角添加“返回”按钮，单击该按钮立刻跳转到第三张幻灯片。在第三张幻灯片右下角自定义动作按钮，添加“前进”“后退”和“退出”按钮，单击该按钮分别跳转到下一张、上一张幻灯片和结束放映。

a．选择第九张幻灯片，单击“插入”→“插图”→“形状”按钮，拖动滚动条，在下拉列表中选择“动作按钮：自定义”，如图 1.5.30 所示，用鼠标在幻灯片的右下角画出动作按钮，弹出“动作设置”对话框，选择“单击鼠标”选项卡，在“单击鼠标时的动作”下选择“超链接到：第三张幻灯片”单击“确定”按钮，如图 1.5.31 所示。

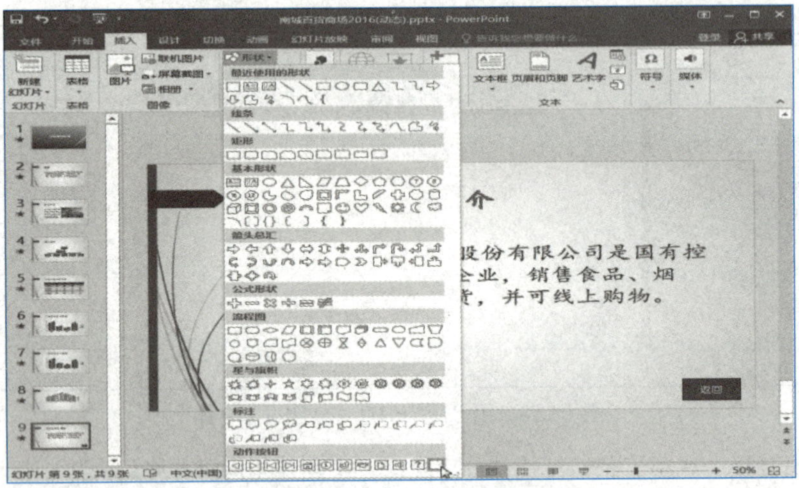


图 1.5.30 “插入动作按钮”列表

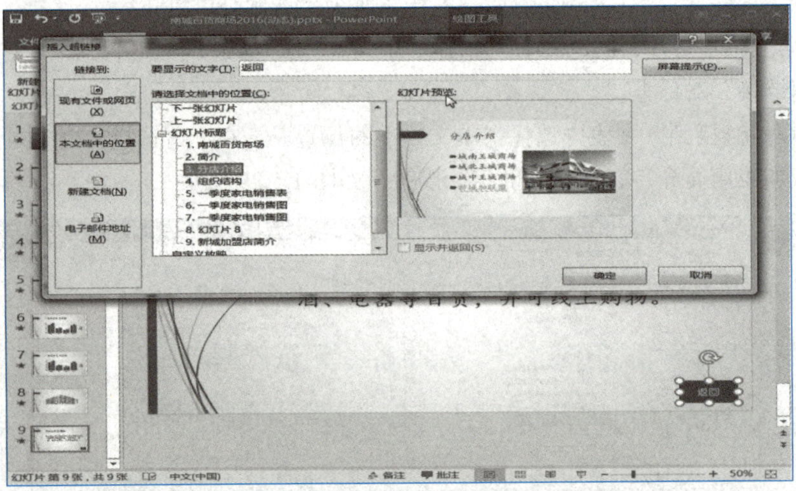


图 1.5.31 “动作设置”对话框

b．选择该按钮，右击，弹出快捷菜单，选择“编辑文字”命令，输入“返回”。

c．选择第三张幻灯片，单击“插入”选项卡→“形状”按钮，拖动滚动条，从下拉列表中选择“动作按钮：自定义”，用鼠标在幻灯片的右下角画出动作按钮，弹出“操作设置”对话框，选择“单击鼠标”选项卡，在“单击鼠标时的动作”下分别选择“超链接到：上一张幻灯片”“下一张幻灯片”“结束放映”，单击“确定”按钮。

d．分别选择三个按钮，右击，弹出快捷菜单，选择“编辑文字”命令，依次输入“后退”“前进”“退出”。

e．调整好三个动作按钮的大小和位置。

⑭ 自定义放映。名称为“我的放映”，顺序为“1—3—4—2—5—6—7—8”。

a. 选择“幻灯片放映”→“开始放映幻灯片”→“自定义幻灯片放映”按钮→“自定义放映”选项，如图 1.5.32 所示，弹出“自定义放映”对话框，单击“新建”按钮。

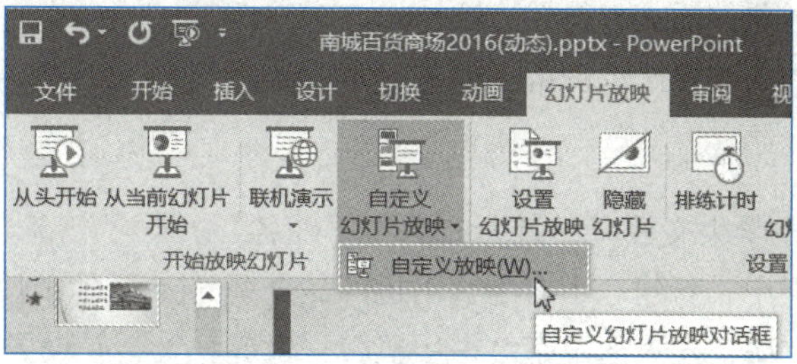

图 1.5.32 “自定义放映”设置

b. 弹出“定义自定义放映”对话框，在“幻灯片放映名称”文本框内输入“我的放映”，把“在演示文稿中的幻灯片”按“1—3—4—2—5—6—7—8”的顺序通过“添加”按钮添加到右侧的“在自定义放映中的幻灯片”框内，如图 1.5.33 所示。

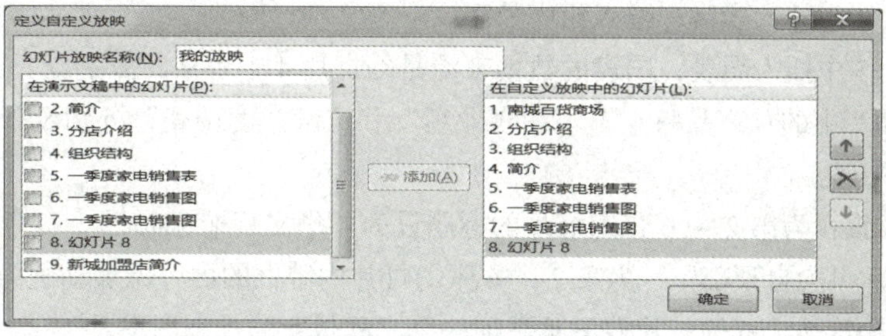

图 1.5.33 “定义自定义放映”对话框

c. 单击“确定”按钮，返回“自定义放映”对话框，如图 1.5.34 所示，单击“放映”按钮，观察其变化。

图 1.5.34 “自定义放映”对话框

⑮ 播放编辑好的幻灯片，比较它们的不同。单击“幻灯片放映”→“从头开始”或按键的【F5】键，比较与“我的放映”有什么不同。

⑯ 保存文件，退出 PowerPoint 2016。

## 实训二 PowerPoint 2016 综合应用

### 一、实训目的

（1）掌握主题、母版、版式和占位符等的基本概念，理解其用途和使用方法。

（2）掌握在幻灯片中插入各种对象（如文本、图片、SmartArt 图形、形状和图表）。

（3）掌握动画的添加和设置方法。

（4）掌握多媒体对象的插入和设置方法。

（5）学会幻灯片的放映方法，理解不同的显示方式。

## 二、实训内容

（1）在 D 盘下建立学生文件夹，名为“学号 + 姓名”。

（2）在学生文件夹中，新建一个名为“手机产品介绍 .pptx”的个性化演示文稿。

① 创建空白演示文稿，插入艺术字“一手机，一世界！”，并设置艺术字格式为“华文行楷 36 号字、红色，文本效果→转换→弯曲→波形 1”。应用“电路”主题美化幻灯片。

② 在幻灯片 1 中插入手机图片，修改图片背景，调整图片。

③ 在幻灯片 2 中插入 SmartArt 对象，输入相应文字。

④ 在幻灯片 3 中输入相应文字。

⑤ 在幻灯片 4 中插入表格，输入相应数字。

⑥ 在幻灯片 5 中插入图表，图表的数据来源是幻灯片 4 中表格的数字。

⑦ 在幻灯片 2 中的“产品特点”“销售业绩”和“满意度调查”分别设置超链接，分别链接到幻灯片 3、5、6。

⑧ 用母版设置：为第 2 ~ 6 张幻灯片的标题设为“华文行楷、40 号、红色”，添加动画为“进入→飞入，效果为自顶部”；为第 2 ~ 6 张幻灯片内容框的内容添加动画为“进入→浮入，效果为上浮”；为第 2 ~ 6 幻灯片右下角添加一个“联想”的标志图案。

⑨ 给所有幻灯片添加切换效果为“随机”。

⑩ 设置自定义放映方式次序为幻灯片 6—3—1。

## 三、实训样式

实训样式如图 1.5.35 ~图 1.5.40 所示。

图 1.5.35　标题：手机世界

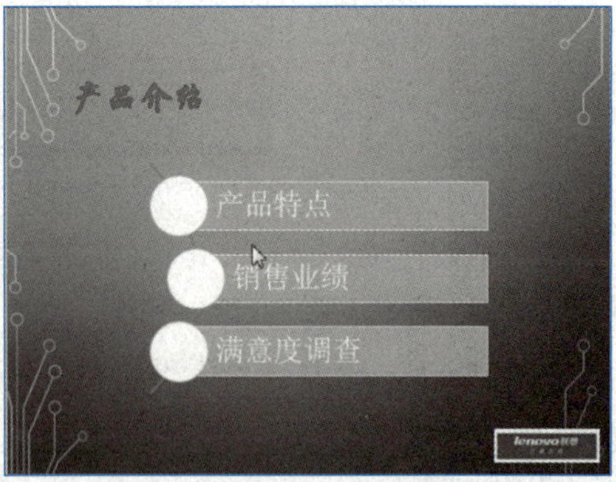


图 1.5.36　产品介绍

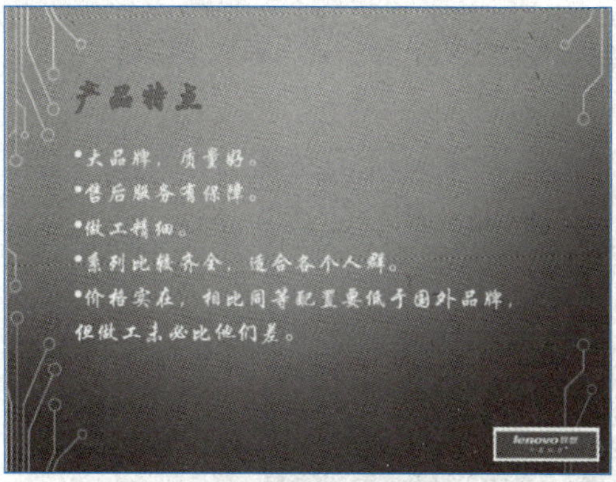


图 1.5.37 产品特点

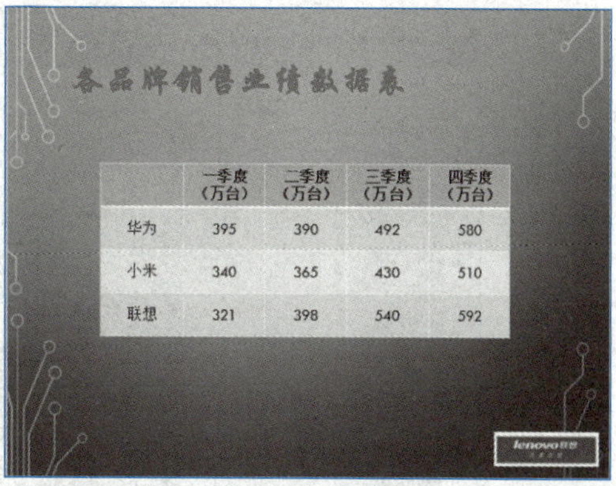


| | 一季度（万台） | 二季度（万台） | 三季度（万台） | 四季度（万台） |
|---|---|---|---|---|
| 华为 | 395 | 390 | 492 | 580 |
| 小米 | 340 | 365 | 430 | 510 |
| 联想 | 321 | 398 | 540 | 592 |

图 1.5.38 销售业绩

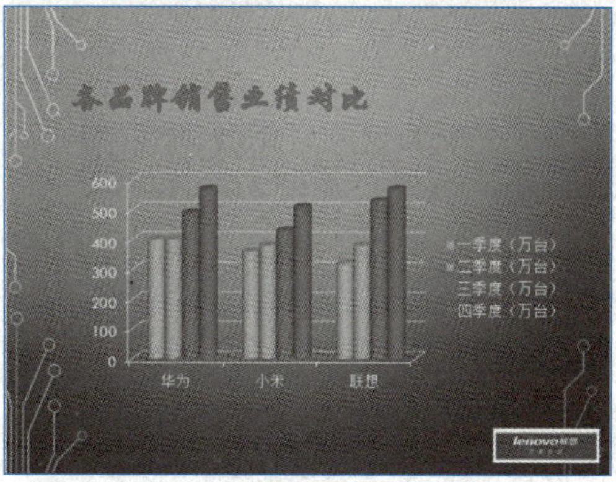


图 1.5.39 销售业绩数据表

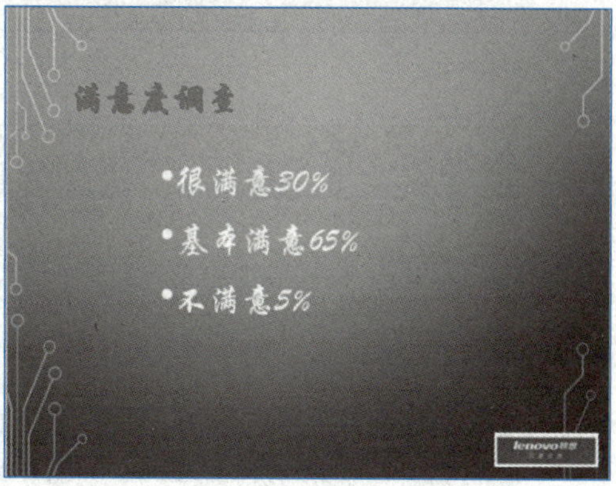


图 1.5.40 满意度调查

## 四、实训步骤

难点操作提示如下：

（1）设置第一张幻灯片中的艺术字格式。

选择“插入”→“文本”→“艺术字”命令，输入“一手机，一世界”；单击“开始”→“字体”命令，设置“华文行楷 36”，字体颜色为“深红”；选择“绘图工具 / 格 式”→“艺术字样式”→“文本效果”→“转换”→“弯曲”→“波形 1”效果。

（2）设置第一张幻灯片中的图片格式。

直接插入的图片带有白色背景色，单击“图片工具 / 格式”→“调整”→“删除背景”→“标记要删除的区域”→“保留更改”按钮，如图 1.5.41 所示。

（3）用母版设置：本实例要在第 2 ~ 6 张幻灯片中统一动画效果，可以通过母版来实现。

单击第二张幻灯片，选择“视图”→“幻灯片母版”命令，打开“幻灯片母版”视图，在左边窗格中拖动滚动条选择“标题和内容版式：由幻灯片 2-6 使用”，选择主编辑区的“单击此处编辑母版标题样式”，再选择“动画”→“高级动画”→“添加动画”→“进入”→“飞入”选项，标题下面的文本内容设置和图案设置方法同上，退出幻灯片母版即可，如图 1.5.42、图 1.5.43 所示。

图 1.5.41　删除图片背景

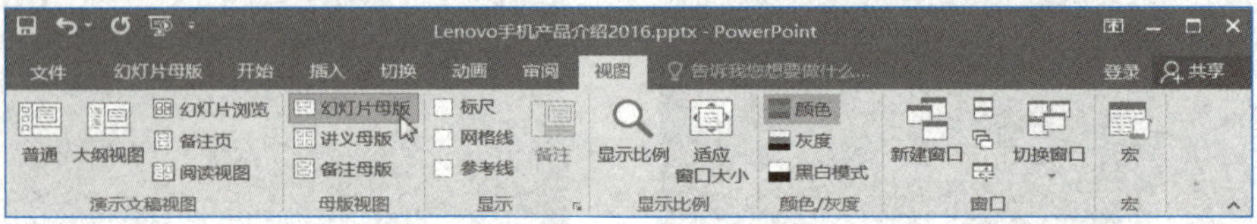

图 1.5.42　“视图”选项卡中的“幻灯片母版”命令

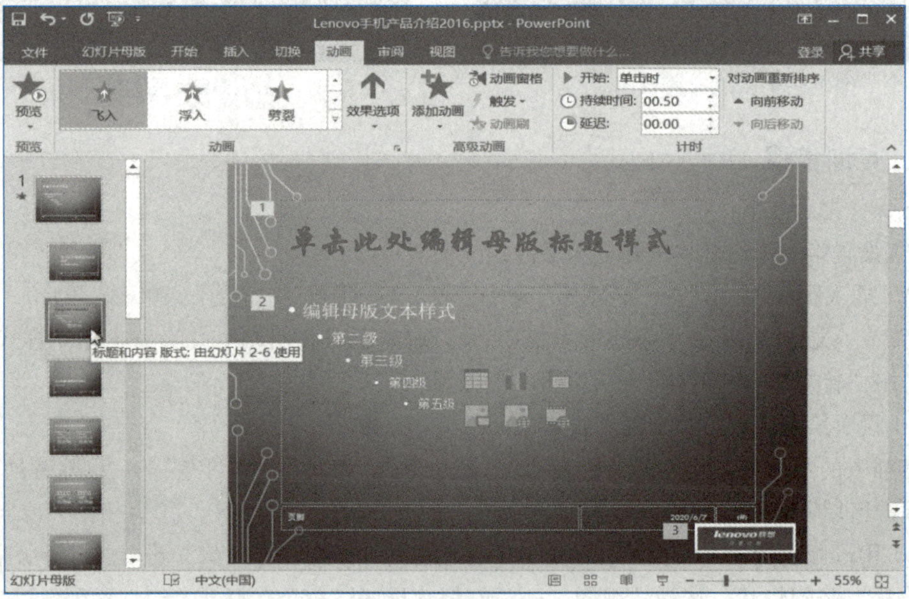

图 1.5.43　母版的设置

# 项目六 新一代信息技术

## 实训一 手写文字识别智能转换

### 一、实训目的

（1）了解人工智能关于文字识别的应用场景。

（2）了解“讯飞输入法”文字识别功能应用。

（3）掌握利用智能手机进行文字识别智能转换的操作方法。

（4）培养学生善于利用智能设备完成具体工作信息化意识。

（5）培养学生在正规应用市场下载安装 App、安全使用网络资源的良好习惯。

### 二、实训内容

（1）能使用智能手机应用市场安装和使用 App。

（2）能在智能手机上运用第三方输入法完成手写文字整体扫描输入。

### 三、实训步骤

（1）在智能手机上安装“讯飞输入法”。

① 打开智能手机官方应用市场，以“华为”官方应用市场为例，如图 1.6.1 所示。

② 在应用市场搜索栏输入“讯飞输入法”字样进行搜索，可看到搜索结果“讯飞输入法”App 及其安装按钮，如图 1.6.2 所示。

③ 单击“讯飞输入法”App 安装按钮，手机系统会自动完成安装过程，随后手机桌面将新增“讯飞输入法”App 图标，如图 1.6.3 所示。

④ 单击“讯飞输入法”App 图标，启动“讯飞输入法”，可对“讯飞输入法”界面元素（如皮肤、字体、表情等）进行自定义，如图 1.6.4 所示。

（2）手写一段文本，无须刻意书写工整，如图 1.6.5 所示，作为手写识别的素材。

（3）启动任意手机文字编辑工具，如“备忘录”，观察输入法工具栏中的“讯飞输入法”选项，如图 1.6.6 所示。

（4）单击讯飞输入法工具按钮，展开讯飞输入法选项，然后单击“文字扫描”工具按钮，如图 1.6.7 所示。

图 1.6.1 “华为”官方应用市场

图 1.6.2 “讯飞输入法”App 及其安装按钮

图 1.6.3 “讯飞输入法”App 图标

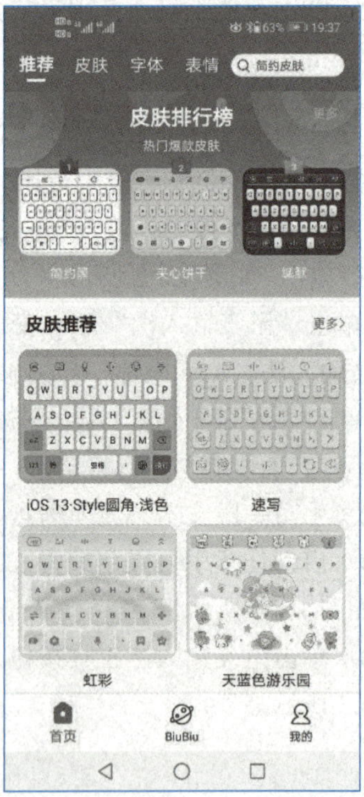

图 1.6.4 “讯飞输入法”界面元素

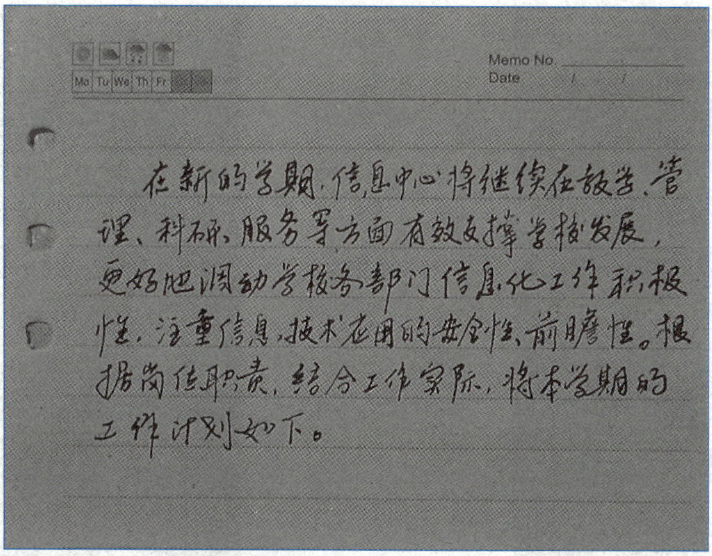


图 1.6.5　手写文本

图 1.6.6　“讯飞输入法”选项

图 1.6.7　“文字扫描”工具按钮

（5）用“文字扫描”工具的拍照功能对手写文字进行拍照，注意拍照辅助线与文字水平方向保持一致，如图 1.6.8 所示。

（6）拍照完成后，调整好文字内容框选区域，然后单击“识别”按钮，如图 1.6.9 所示。1 ～ 2 s 后得到识别结果，可进行复制以用于文字编辑，如图 1.6.10 所示。

（7）将识别出的文字复制粘贴进备忘录的编辑区，如图 1.6.11 所示。之后进行观察，将正确识别出的文字进行计数，用计数结果除以手写文字总字数，得到识别正确率。

（8）用不同的手写文字内容，将步骤（2）～（7）重复 3 次，得到 3 组识别正确率，计算 3 组识别正确率的平均值。

图 1.6.8　手写文字拍照

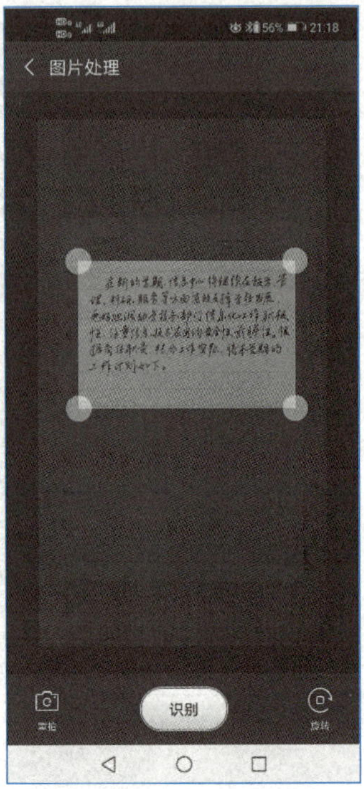


图 1.6.9　手写文字识别

图 1.6.10　字识别结果

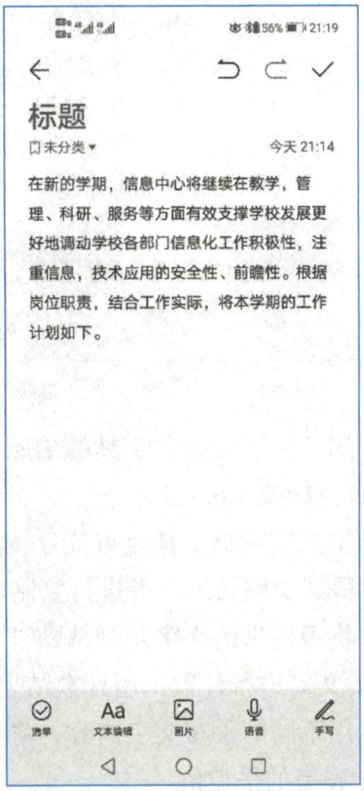


图 1.6.11　对识别文字进行编辑

# 实训二 文字语音输入

## 一、实训目的

（1）了解输入法的安装、设置和切换方法。

（2）掌握“讯飞输入法”的语音输入方法。

（3）培养学生善于利用新一代信息技术提高工作效率的意识。

（4）培养学生大胆尝试、多途径解决问题的良好习惯。

## 二、实训内容

（1）使用“讯飞输入法”的手机版输入文本。

（2）使用“讯飞输入法”的 PC 版输入文本。

（3）用普通话、方言或英语进行语音输入。

（4）计算多次语音输入正确率的平均值，评估“讯飞输入法”语音识别功能的效果，体会目前主流语音识别人工智能的发展水平。

## 三、实训步骤

### 1. 在智能手机上实现文字语音输入

（1）在智能手机上安装“讯飞输入法”。

（2）在智能手机上打开“备忘录”，单击“讯飞输入法”工具栏中的“语音输入”按钮进入语音输入状态，用适中语速朗读以下文本：

“新一代信息技术是当今世界创新非常活跃、渗透性非常强、影响力非常广的领域，正在全球范围内引发新一轮的科技革命，并以前所未有的速度转化为现实生产力，引领科技、经济和社会日新月异高速发展。”

（3）观察“备忘录”编辑区得到识别结果，将正确识别出的文字进行计数，用计数结果除以语音输入文字总字数，得到识别正确率。

### 2. 在 PC 上实现文字语音输入

（1）启动 PC，在浏览器中用搜索引擎搜索“讯飞输入法”字样，找到其官网，可见讯飞输入法的“安卓版、iOS 版、Windows 版”三种安装下载链接，如图 1.6.12 所示。

（2）单击官网中的“Windows 版”链接，进行 Windows 版“讯飞输入法”的下载安装，安装完成后，可在开始菜单看到“讯飞输入法”功能组，如图 1.6.13 所示。

（3）打开“记事本”工具准备输入文字，按【Ctrl+Shift】组合键，循环切换输入法，直至桌面状态栏出现讯飞输入法工具面板，然后单击“讯飞输入法”工具面板中的“语音输入”按钮进入语音输入状态，如图 1.6.14 所示。

（4）在语音输入面板点击“普通话”语言选项，可切换语言模式，如图 1.6.15 所示。

（5）邀请三位学生用默认的普通话模式和方言模式分别选取课本中任意文本（200 字以内），用适中语速朗读，将识别结果保存于“记事本”中。

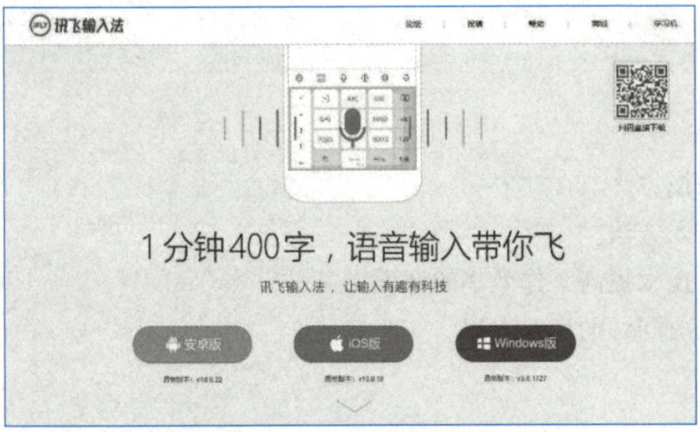


图 1.6.12 “讯飞输入法”官网

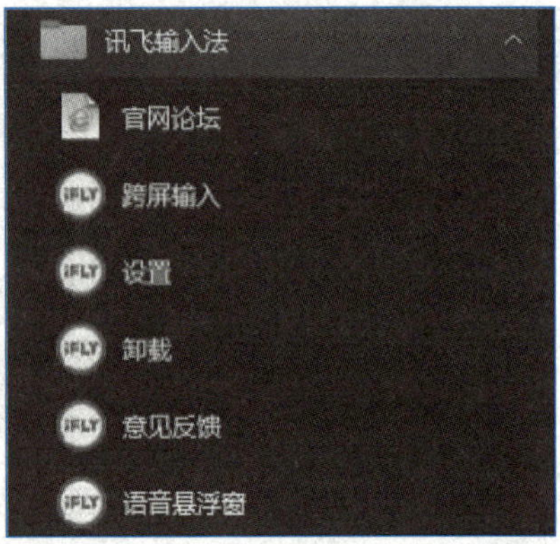


图 1.6.13 “讯飞输入法”功能组

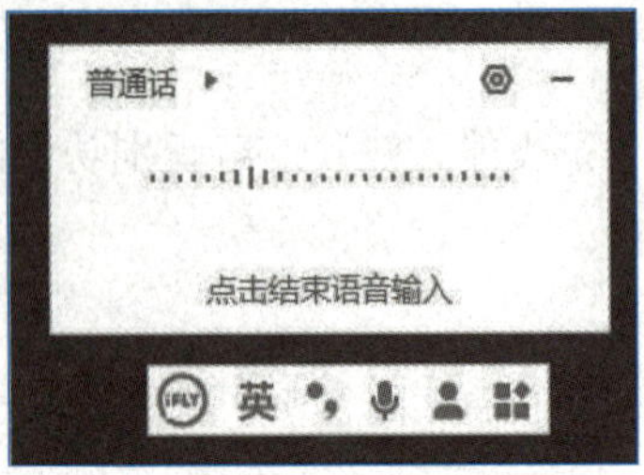


图 1.6.14 “讯飞输入法”工具面板

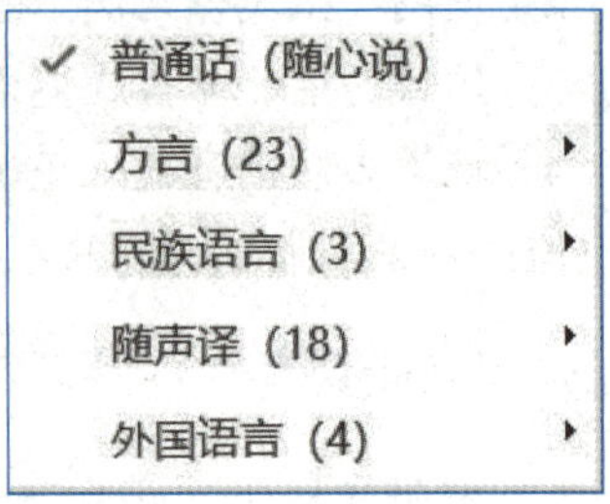


图 1.6.15 多种语言模式

（6）观察“记事本”中的识别结果，将正确识别出的文字进行计数，用计数结果除以语音输入文字总字数，得到识别正确率。

（7）计算三位学生语音输入识别正确率的平均值。

# 项目七 信息检索

## 实训一 华为浏览器设置

### 一、实训目的

（1）熟练掌握浏览器的基本概念和基本操作。

（2）掌握不同浏览器的设置方法。

（3）归纳浏览器的设置方法。

（4）通过示例中浏览器的设置，培养学生良好的规范化、标准化的使用习惯，养成耐心、严谨的工作态度。

（5）通过引导学生能利用所学操作设置各种浏览器，培养学生的复用性、模块化思维能力。

### 二、实训内容

（1）将华为浏览器设为默认浏览器。

（2）将“360”设为华为浏览器的默认搜索引擎。

（3）将导航网站“hao123”设为华为浏览器首页。

### 三、实训步骤

#### 1．设置默认浏览器

（1）启动华为浏览器。

（2）将华为浏览器设为默认浏览器。

① 在桌面上创建一张“weB．html”网页，显示其图标为 QQ 浏览器图标，说明 QQ 浏览器为默认浏览器。

② 启动华为浏览器，选择“自定义及控制华为浏览器”→“设置”→“默认浏览器”命令，然后在“将华为浏览器设置为默认浏览器”上选择“前往设置”命令。

③ 再在“应用”中的“Web 浏览器”中，单击“QQ 浏览器”，在弹出的选项中选择“华为浏览器”，即可将华为浏览器设为默认浏览器，得到如图 1.7.1 所示结果。

（3）测试。

① 关闭华为浏览器。

② 查看桌面网页图标，图标变为华为浏览器图标，得到如图 1.7.2 所示结果。

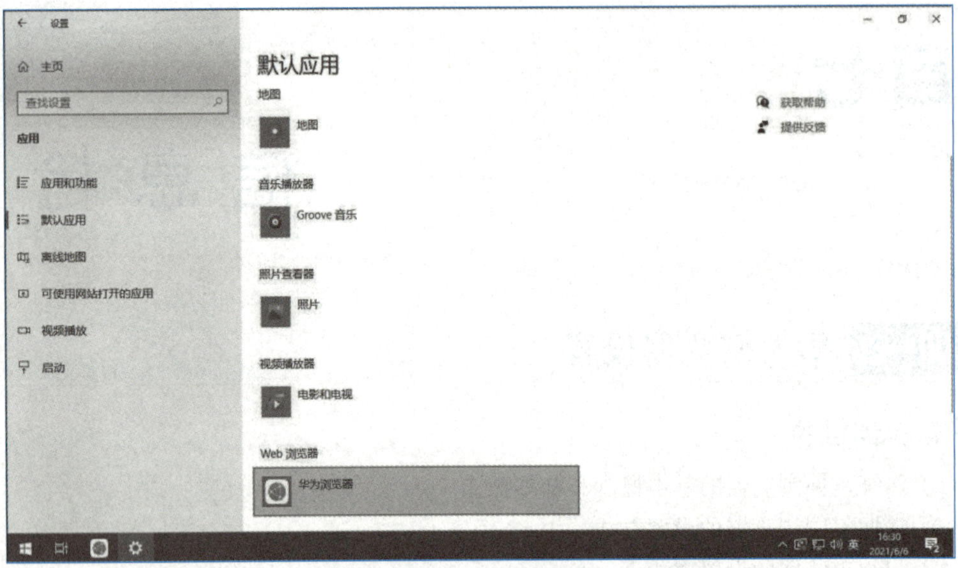


图 1.7.1　将华为浏览器设为默认浏览器

图 1.7.2　测试结果

## 2．设置默认搜索引擎

将“360”设为华为浏览器的默认搜索引擎。

① 启动华为浏览器。

② 在华为浏览器“设置”中选择“搜索引擎”→“管理搜索引擎”，我们可以看到“百度”为默认浏览器，在“360”一行中单击“更多操作”，选择“设为默认选项”，即可将“360”设为默认搜索引擎，得到如图 1.7.3 所示结果。

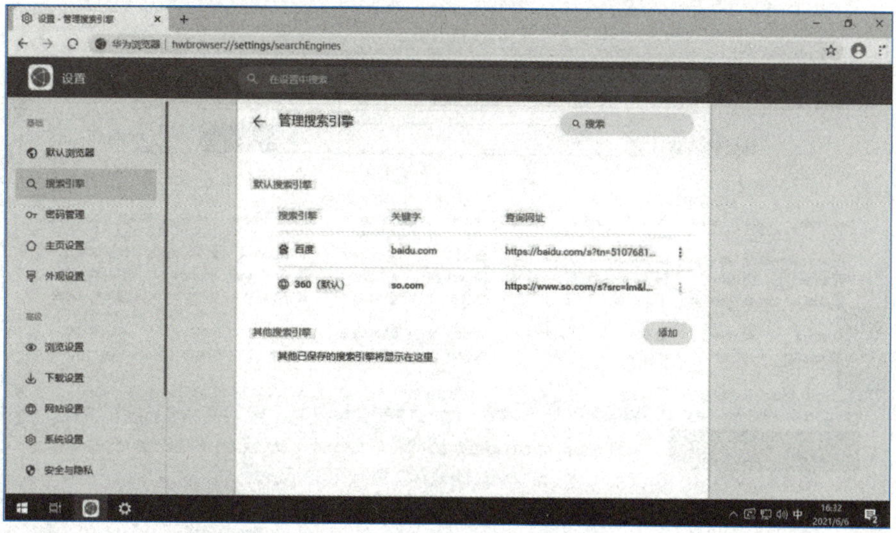


图 1.7.3 将“360”设为华为浏览器的默认搜索引擎

## 3. 设置浏览器首页

（1）将导航网站“hao123”设为华为浏览器首页。

在“设置”中选择“主页设置”，然后在“主页”中选择“自定义网址”选项，输入导航网站“hao123”的网址“www.hao123.com”，得到如图 1.7.4 所示结果。

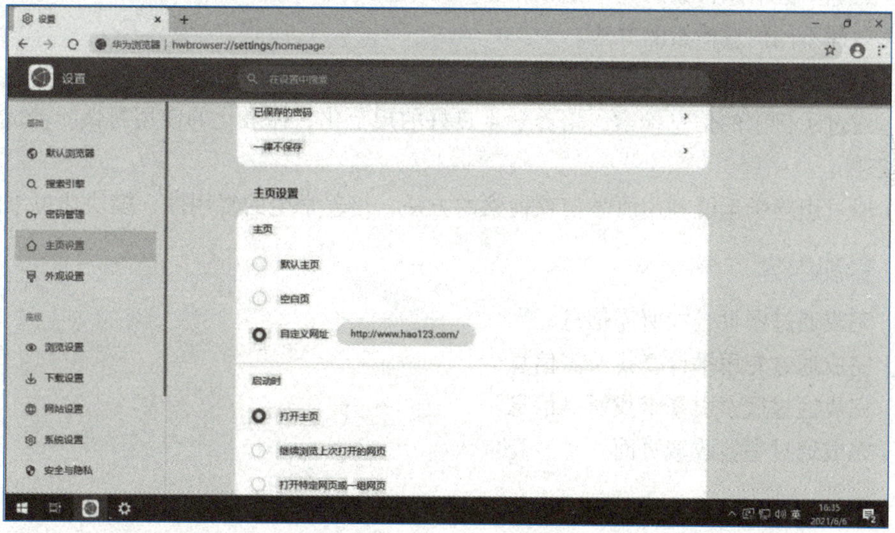


图 1.7.4 将导航网站“hao123”设为华为浏览器首页

（2）测试。

① 关闭华为浏览器。

② 再次启动华为浏览器，浏览器直接跳转到导航网站“hao123”，得到如图 1.7.5 所示结果。

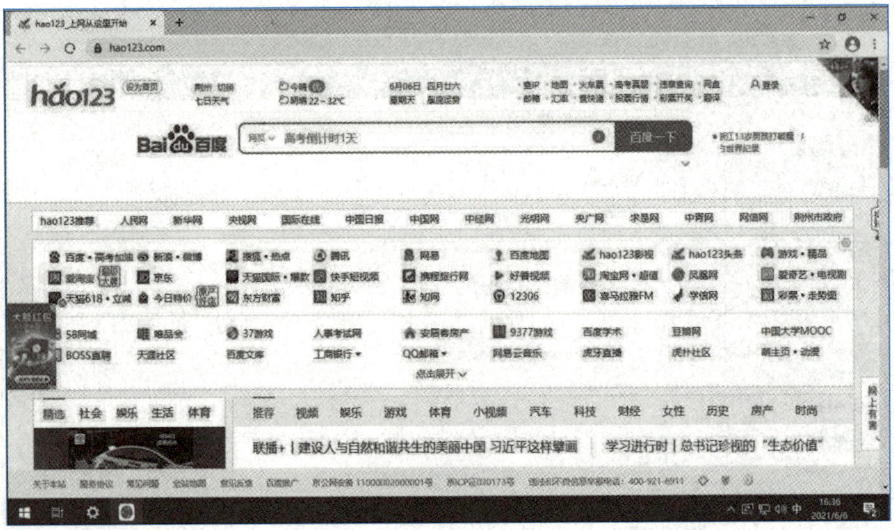


图 1.7.5 测试结果

# 实训二 检索满足公司专业设计要求的显示器

## 一、实训目的

（1）熟练掌握信息检索的基本概念和基本操作。

（2）掌握不同信息检索的方法。

（3）归纳信息检索的方法。

（4）通过示例中的信息检索，培养学生良好的规范化、标准化的使用习惯，养成耐心、严谨的工作态度。

（5）通过引导学生能利用所学信息检索的方法，培养学生的复用性、模块化思维能力。

## 二、实训内容

（1）完成通过网页查找所需信息。

（2）完成通过专用平台查找所需信息。

（3）完成通过搜索引擎查找所需信息。

（4）完成通过书签收藏页面。

## 三、实训步骤

### 1. 通过导航网站“hao123”主页找到“京东商城”，并进入

（1）启动谷歌浏览器（导航网站“hao123”已设置为首页）。

（2）在导航网站“hao123”页面中查找“京东”，找到后单击进入“京东”，得到如图 1.7.6 所示结果。

图 1.7.6　京东商城

## 2. 按公司要求，在“京东”购物网站专用平台中查找所需显示器

（1）在“京东”购物网站站内搜索中，按要求输入“专业设计显示器”，按【Enter】键，得到如图 1.7.7 所示结果。

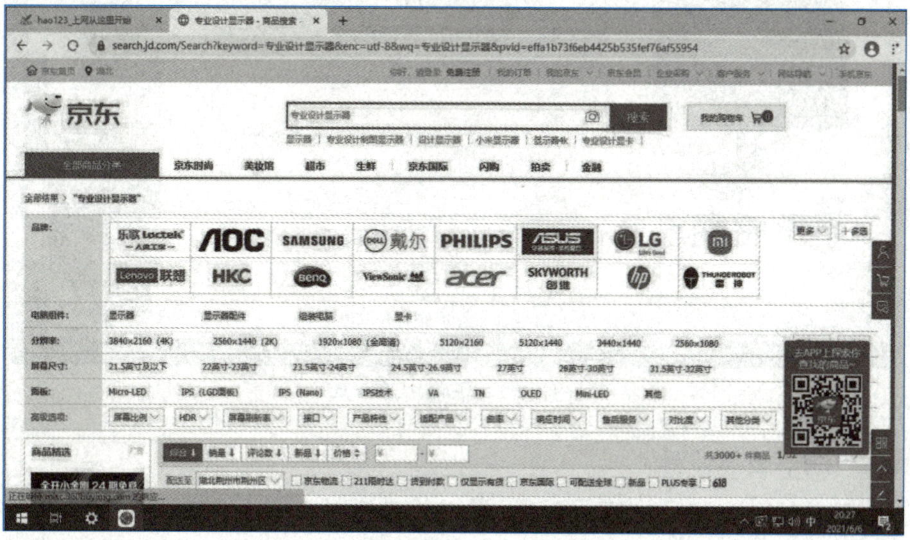


图 1.7.7　“京东”搜索结果

（2）对搜索到的结果按要求进一步细化，在显示器的分辨率中选择“2 560 × 1 440（2K）”，在高级选项产品特性中选择“旋转升降底座”、接口中选择“DP”、面板中选择“IPS 技术”，在屏幕尺寸中选择“27 英寸”，最后在价格中输入“2 000 ~ 2 500”，单击“确定”按钮，得到如图 1.7.8 所示结果。

（3）查看列举的显示器信息，其中“华硕 PA278QV”符合公司要求，如图 1.7.9 所示。

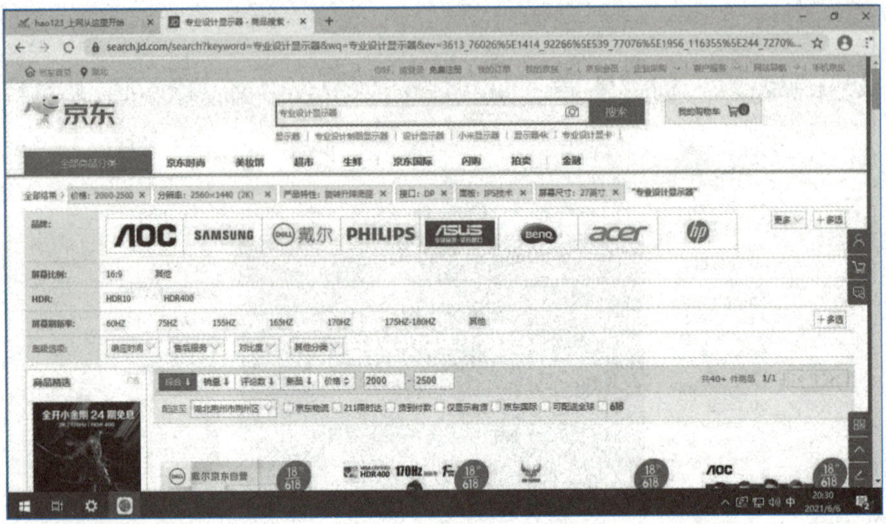

图 1.7.8 “京东”细化搜索结果

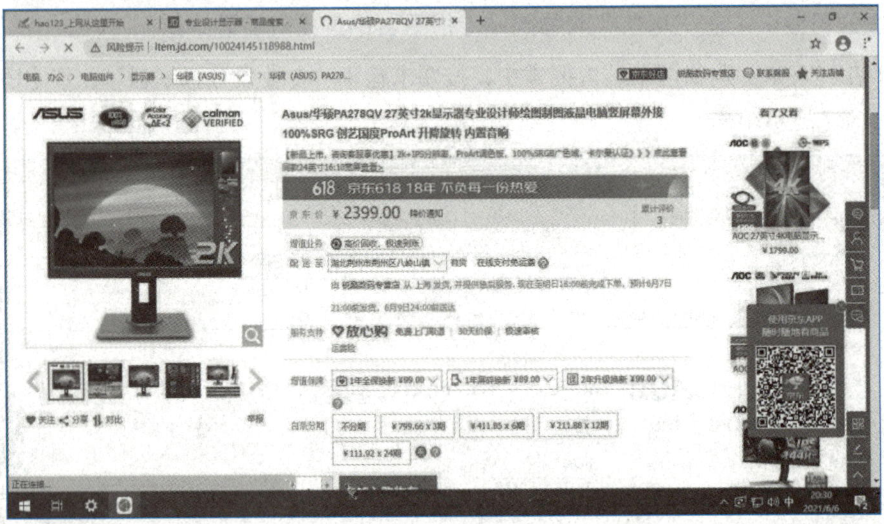

图 1.7.9 华硕 PA278QV

### 3. 验证信息，查看评测

（1）回到导航网站“hao123”，通过“百度”搜索引擎输入“华硕”进行查找，在找到的搜索结果中，单击进入“华硕”官网，如图 1.7.10 所示。

（2）在“华硕”官网中，选择“显示器 / 台式机”，在“按系列”中选择“ProArt 专业系列”，找到“ProArt Display PA278QV”后，查看其“了解更多”，通过“产品详情”“规格参数”“服务支持”验证显示器信息，如图 1.7.11 所示。

（3）回到导航网站“hao123”，通过“百度”搜索引擎输入“华硕 ProArtPA278QV 评测”进行查找，在找到的搜索结果中，打开评测信息查看，进一步确定“华硕 ProArt PA278QV”是否符合要求，如图 1.7.12 所示。

图 1.7.10 “华硕”官网

图 1.7.11 华硕 PA278QV 规格参数

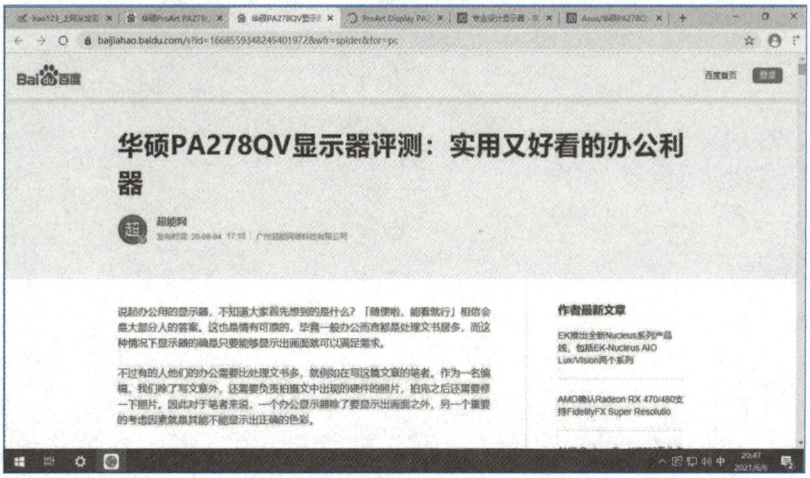


图 1.7.12 “华硕 ProArt PA278QV”评测信息

### 4．书签收藏有效页面

通过“书签”收藏“京东”的选购页面、“华硕官网”的产品资料、“中关村在线”的评测信息，整理书签，以便填表时查看，如图 1.7.13 所示。

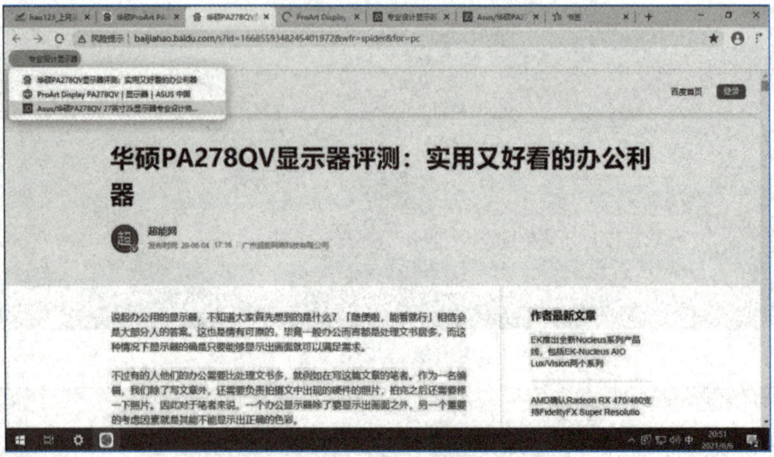


图 1.7.13　书签收藏

# 第二部分

# 习　题


2.1　计算机基础知识

2.2　Windows 10 操作系统及应用

2.3　Word 2016 文字处理软件及应用

2.4　Excel 2016 电子表格处理软件及应用

2.5　PowerPoint 2016 演示文稿制作软件及应用

2.6　新一代信息技术

2.7　信息安全技术

# 2.1 计算机基础知识

## 一、单选题

1. 在信息时代，计算机的应用非常广泛，主要有如下几大领域：科学计算、信息处理、过程控制、计算机辅助工程、家庭生活和（　　）。

A. 现代教育　　B. 军事应用　　C. 电子商务　　D. 以上都不是

2. 冯·诺依曼计算机工作原理的设计思想是（　　）。

A. 程序设计　　B. 程序存储　　C. 程序编制　　D. 算法设计

3. 下列关于计算机的叙述中，不正确的是（　　）。

A. 计算机的存储容量越大，处理能力就越强

B. 所有计算机都是由硬件和软件组成的

C. “裸机”就是没有机箱的计算机

D. 各种高级语言的翻译程序都属于系统软件

4. 第一台电子计算机使用的逻辑部件是（　　）。

A. 集成电路　　B. 大规模集成电路　　C. 晶体管　　D. 电子管

5. 1946 年 ENIAC 问世后，冯·诺依曼在研制 EDVAC 时，提出两个重要的改进，它们是（　　）。

A. 引入 CPU 和内存储器的概念　　B. 采用计算机语言和十六进制

C. 采用 ASCII 编码系统　　D. 采用二进制和存储程序控制的概念

6. 所谓“裸机”是指（　　）。

A. 单片机　　B. 单板机

C. 只装备操作系统的计算机　　D. 不装备任何软件的计算机

7. 科学计算的特点是（　　）。

A. 计算量大，数据范围广　　B. 数据输入、输出量大

C. 计算相对简单　　D. 具有良好的实时性和高可靠性

8. 在计算机的应用中，“MIS”表示（　　）。

A. 管理信息系统　　B. 决策支持系统

C. 办公自动系统　　D. 人工智能系统

9. 在计算机的应用中，OAS 表示（　　）。

A. 管理信息系统　　B. 决策支持系统

C. 办公自动系统　　D. 人工智能系统

10. 在计算机的应用中，DSS 表示（　　）。

A. 管理信息系统　　B. 决策支持系统

C. 办公自动系统　　D. 人工智能

11. 完整的计算机硬件系统一般包括外围设备和（　　）。

A. 运算器和控制器　　B. 存储器

C．主机　　D．中央处理器

12．组成微型计算机的基本硬件的五个部分是（　　）。

A．外围设备、CPU、寄存器、主机、总线

B．CPU、内存、外存、键盘、打印机

C．运算器、控制器、存储器、输入设备、输出设备

D．运算器、控制器、主机、输入设备、输出设备

13．微型计算机中，控制器的基本功能是（　　）。

A．进行算术运算和逻辑运算

B．存储各种控制信息

C．保持各种控制状态

D．控制计算机各个部件协调一致地工作

14．运算器的主要功能是（　　）。

A．实现算术运算和逻辑运算

B．保存各种指令信息供系统其他部件使用

C．分析指令并进行译码

D．按主频指标的规定发出时钟脉冲

15．计算机中对数据进行加工与处理的部件，通常称为（　　）。

A．运算器　　B．控制器　　C．显示器　　D．存储器

16．微型计算机的内存主要包括（　　）。

A．RAM、ROM　　B．SRAM、DROM

C．PROM、EPROM　　D．CD-ROM、DVD

17．能直接与 CPU 交换信息的存储器是（　　）。

A．硬盘　　B．软盘　　C．CD-ROM　　D．内存储器

18．微型计算机中内存储器比外存储器（　　）。

A．读写速度快　　B．存储容量大

C．运算速度慢　　D．以上三种都可以

19．在计算机操作过程中，断电后信息就消失的是（　　）。

A．ROM　　B．RAM　　C．硬盘　　D．软盘

20．在微型计算机内存储器中，内容由生产厂家事先写好的是（　　）。

A．RAM　　B．DRAM　　C．ROM　　D．SRAM

21．动态 RAM 的特点是（　　）。

A．在不断电的条件下，其中的信息保持不变，因而不必定期刷新

B．在不断电的条件下，其中的信息不能长时间保持，因而必须定期刷新才不丢失信息

C．其中的信息只能读不能写

D．其中的信息断电后也不会丢失

22．SRAM 存储器的中文含义是（　　）。

A．静态随机存储器　　B．动态随机存储器

C．静态只读存储器　　D．动态只读存储器

23．微型计算机存储系统中，EPROM 是（　　）。

A．可擦写可编程只读存储器　　B．动态随机存储器

C．只读存储器　　D．可编程只读存储器

24．静态 RAM 的特点是（　　）。

A．在不断电的条件下，其中的信息保持不变，因而不必定期刷新

B．在不断电的条件下，其中的信息不能长时间保持，因而必须定期刷新才不丢失信息

C．其中的信息只能读不能写

D．其中的信息断电后也不会丢失

25．微型计算机存储系统中，PROM 是（　　）。

A．可读写存储器　　B．动态随机存取存储器

C．只读存储器　　D．可编程只读存储器

26．下列几种存储器中，存取周期最短的是（　　）。

A．内存储器　　B．光盘存储器　　C．硬盘存储器　　D．U 盘存储器

27．配置高速缓冲存储器 (Cache) 是为了解决（　　）。

A．内存与辅助存储器之间速度不匹配问题

B．CPU 与辅助存储器之间速度不匹配问题

C．CPU 与内存储器之间速度不匹配问题

D．主机与外围设备之间速度不匹配问题

28．微型计算机中的内存储器，通常采用（　　）。

A．光存储器　　B．磁表面存储器　　C．半导体存储器　　D．磁芯存储器

29．微型计算机的外存主要包括（　　）。

A．RAM、ROM、软盘、硬盘　　B．软盘、硬盘、光盘

C．软盘、硬盘　　D．硬盘、CD-ROM、DVD

30．下列各组设备中，全部属于输入设备的一组是（　　）。

A．键盘、磁盘和打印机　　B．键盘、扫描仪和鼠标

C．键盘、鼠标和显示器　　D．硬盘、打印机和键盘

31．Pentium Ⅲ /500 微型计算机，其 CPU 的时钟频率是（　　）。

A．500 kHz　　B．500 MHz　　C．250 kHz　　D．250 MHz

32．Pentium 微型计算机是（　　）。

A．16 位机　　B．8 位机　　C．32 位机　　D．准 16 位机

33．微型计算机硬件系统中最核心的部件是（　　）。

A．硬盘　　B．CPU　　C．内存储器　　D．I/O 设备

34．下列不属于微型计算机主要性能指标的是（　　）。

A．字长　　B．内存容量　　C．重量　　D．时钟频率

35．用 MIPS 为单位衡量计算机的性能，它指的是计算机的（　　）。

A．传输速率　　B．存储器容量　　C．字长　　D．运算速度

36．在衡量计算机的主要性能指标中，字长是（　　）。

A．计算机运算部件一次能够处理的二进制数据位数

B．8 位二进制数长度

C．计算机的总线宽度

D．存储系统的容量

37．微型计算机中的 386、486 或 586 指的是计算机中的（　　）。

A．存储容量　　B．运算速度　　C．显示器型号　　D．CPU 的类型

38．下列设备中，属于计算机输出设备的是（　　）。

A．扫描仪　　B．键盘　　C．绘图仪　　D．鼠标

39．下列叙述中，正确的是（　　）。

A．存储在任何存储器中的信息，断电后都不会丢失

B．操作系统是只对硬盘进行管理的程序

C．硬盘装在主机箱内，因此硬盘属于主存

D．硬盘驱动器属于外围设备

40．下列设备中，既能向主机输入数据又能接收主机输出数据的设备是（　　）。

A．打印机　　B．显示器　　C．软盘驱动器　　D．光笔

41．CRT 指的是（　　）。

A．阴极射线管显示器　　B．液晶显示器

C．等离子显示器　　D．以上说法都不对

42．下列技术指标中，主要影响显示器显示清晰度的是（　　）。

A．对比度　　B．亮度　　C．刷新率　　D．分辨率

43．下列外围设备中，属于输入设备的是（　　）。

A．显示器　　B．绘图仪　　C．鼠标　　D．打印机

44．下列设备中，不是多媒体计算机必须具有的设备是（　　）。

A．声卡　　B．视频卡　　C．光盘驱动器　　D．UPS 电源

45．激光打印机的特点是（　　）。

A．噪声较大　　B．速度快、分辨率高

C．采用击打式　　D．以上说法都不是

46．计算机的价格由（　　）来决定。

A．计算机的崭新程度　　B．计算机中所安装的组件

C．购买计算机时附加的选项（如服务）　　D．以上都正确

47．3.5 英寸 1.44 MB 软盘片格式化后具有（　　）个磁道。

A．40　　B．79　　C．80　　D．39

48. 下列（　　）键可用于重命名一个文件夹。
A. 【F1】　B. 【F5】　C. 【F3】　D. 【F2】
49. 一条计算机指令中规定其执行功能的部分称为（　　）。
A. 源地址码　B. 操作码　C. 目标地址码　D. 数据码
50. 下列软件中，属于系统软件的是（　　）。
A. WPS　B. Word　C. DOS　D. Excel
51. 交互式操作系统允许用户频繁地与计算机对话，下列不属于交互式操作系统的是（　　）。
A. Windows 系统　B. DOS 系统　C. 分时系统　D. 批处理系统
52. 软件可分为系统软件和（　　）软件。
A. 高级　B. 专用　C. 应用　D. 通用
53. 目前各部门广泛使用的人事档案管理、财务管理等软件，按计算机应用分类，应属于（　　）。
A. 实时控制　B. 科学计算　C. 计算机辅助工程　D. 数据处理
54. 计算机可以直接执行的语言是（　　）。
A. 自然语言　B. 汇编语言　C. 计算机语言　D. 高级语言
55. 将高级语言编写的程序翻译成计算机语言程序，采用的两种翻译方式是（　　）。
A. 编译和解释　B. 编译和汇编　C. 编译和链接　D. 解释和汇编
56. 用户使用计算机高级语言编写的程序，通常称为（　　）。
A. 源程序　B. 汇编程序　C. 二进制代码程序　D. 目标程序
57. 下面是（　　）系统软件。
A. DOS 和 WPS　B. Word 和 DOS
C. DOS 和 Windows　D. Windows 和 MIS
58. 操作系统的接口是（　　）。
A. 主机与外围设备　B. 用户与计算机
C. 系统软件与应用软件　D. 高级语言与低级语言
59. DOS 系统的磁盘目录结构采用的是（　　）。
A. 表格结构　B. 索引结构　C. 网状结构　D. 树状结构
60. 下列带有通配符的文件名中，能代表文件 ABC．PRG 的是（　　）。
A. ? .?　B. ? BC.*　C. A? .*　D. *BC.?
61. 为解决某一特定问题而设计的指令序列称为（　　）。
A. 文档　B. 语言　C. 程序　D. 系统
62. Linux 是一种（　　）。
A. 数据库管理系统　B. 操作系统
C. 字处理系统　D. 鼠标驱动程序
63. C 语言编译器是一种（　　）。

A．系统软件　　B．计算机操作系统　　C．字处理系统　　D．源程序

64．CAD 软件可用来绘制（　　）。

A．机械零件图　　B．建筑设计图　　C．服装设计图　　D．以上都对

65．某公司的工资管理程序属于（　　）。

A．应用软件　　B．系统软件　　C．文字处理软件　　D．工具软件

66．CAM 软件可用于计算机（　　）。

A．辅助测试　　B．辅助制造　　C．辅助教学　　D．辅助设计

67．CAI 软件可用于计算机（　　）。

A．辅助测试　　B．辅助制造　　C．辅助教学　　D．辅助设计

68．汉字系统中，汉字字库里存放的是汉字的（　　）。

A．内码　　B．外码　　C．字形码　　D．国标码

69．下列叙述中，正确的是（　　）。

A．假如 CPU 向外输出 20 位地址，则它能直接访问的存储空间可达 1MB

B．PC 在使用过程中突然断电，SRAM 中存储的信息不会丢失

C．PC 在使用过程中突然断电，DRAM 中存储的信息不会丢失

D．外存储器中的信息可以直接被 CPU 处理

70．下列叙述中错误的是（　　）。

A．微型计算机不受强磁场的干扰

B．软盘写保护以后，磁盘上的信息不能删除

C．在使用别人的软盘时通常要先检查是否有病毒

D．微型计算机机房湿度不宜过大

71．下面常用术语的叙述中，错误的是（　　）。

A．光标是显示屏上指示位置的标志

B．汇编语言是一种面向计算机的低级程序设计语言，用汇编语言编写的源程序计算机能直接执行

C．总线是计算机系统中各部件之间传输信息的公共通路

D．读写磁头是既能从磁表面存储器读出信息，又能把信息写入磁表面存储器的装置

72．通常所说的计算机病毒是指（　　）。

A．细菌感染　　B．被损坏的程序

C．生物病毒感染　　D．特制的具有破坏性的程序

73．计算机发现病毒后最彻底的消除方式是（　　）。

A．用查毒软件处理　　B．删除磁盘文件

C．用杀毒药水处理　　D．格式化磁盘

74．计算机病毒是一种（　　）。

A．特殊的计算机部件　　B．游戏软件

C．人为编制的特殊程序　　D．能传染的生物病毒

75. 计算机病毒主要造成（　　）的损坏。

A. 软盘　　B. 磁盘驱动器　　C. 硬盘　　D. 程序和数据

76. 对待计算机软件正确的态度是（　　）。

A. 计算机软件不需要维护

B. 计算机软件只要能复制得到就不必购买

C. 受法律保护的计算机软件不能随便复制

D. 计算机软件不必备份

77. 为了防止计算机硬件的突然故障或病毒入侵对数据的破坏，对于重要的数据文件和工作资料，在每天工作结束后通常应（　　）。

A. 直接保存在硬盘之中　　B. 用专用设备备份

C. 打印出来　　D. 压缩后存储到硬盘中

## 二、判断题

1. 计算机与其他计算工具的本质区别是能存储数据和程序。（　　）
2. 硬盘上的信息可直接进入 CPU 进行处理。（　　）
3. 计算机操作过程中突然断电，RAM 和 ROM 中保存的信息全部丢失。（　　）
4. 在微型计算机中，任何外围设备都可以直接与主机进行信息交换。（　　）
5. 在微型计算机应用领域中，会计电算化属于科学计算应用领域。（　　）
6. 新磁盘必须进行格式化后才能使用。（　　）
7. 键盘和显示器是微型计算机不可缺少的外围设备，简称 I/O 设备。（　　）
8. 显示器上所显示的内容既有计算机运行的结果也有用户从键盘输入的内容，所以显示器既是输入设备又是输出设备。（　　）
9. 运算器又称算术逻辑部件，简称 ALU。（　　）
10. 显示适配器是系统总线和显示器之间的接口。（　　）
11. 键盘上【Ctrl】键是起控制作用的，它必须与其他键同时按下才能起作用。（　　）
12. 硬件系统是指微型计算机主机箱中的所有设备。（　　）
13. 系统软件是从市场上买来的软件，而应用软件是用户自己编写的软件。（　　）
14. 计算机可以直接执行用高级语言编写的程序。（　　）
15. 计算机病毒只会破坏磁盘上程序。（　　）
16. 计算机病毒是一种程序代码，目的是破坏和干扰计算机系统正常运行。（　　）
17. 计算机病毒可以利用系统、应用软件的漏洞进行传播。（　　）
18. 安装了防火墙软件的计算机就不会被病毒干扰和破坏。（　　）
19. 在计算机内，多媒体数据最终是以特殊的压缩码形式保存的。（　　）
20. 触摸屏是一种快速实现人机对话的工具。（　　）

# 2.2 Windows 10 操作系统及应用

## 一、单选题

1. Windows 10 是一种（　　）。

A. 工具软件　　B. 操作系统　　C. 字处理软件　　D. 图形软件

2. Windows 10 的整个显示屏幕称为（　　）。

A. 窗口　　B. 操作台　　C. 工作台　　D. 桌面

3. 下列关于操作系统的主要功能的描述中，不正确的是（　　）。

A. 处理器管理　　B. 作业管理　　C. 文件管理　　D. 信息管理

4. Windows 10 内置（　　）。

A. 谷歌浏览器和 IE 11　　B. Microsoft Edge 和 IE 11 浏览器

C. Microsoft Edge 和谷歌浏览器　　D. 谷歌浏览器和 360 安全浏览器

5. Windows 10 系统安装并启动后，由系统安排在桌面上的图标默认有（　　）。

A. 资源管理器　　B. Microsoft Edge

C. Microsoft Word　　D. Microsoft Foxpro

6. 图标是 Windows 操作系统中的一个重要概念，表示 Windows 的对象。它可以指（　　）。

A. 文档或文件夹　　B. 应用程序

C. 设备或其他的计算机　　D. 以上都正确

7. 在 Windows 中为了重新排列桌面上的图标，首先应进行的操作是（　　）。

A. 右击桌面空白处　　B. 右击“任务栏”空白处

C. 右击已打开窗口的空白处　　D. 右击“开始”菜单空白处

8. 删除 Windows 10 桌面上某个应用程序快捷方式的图标，意味着（　　）。

A. 该应用程序连同其图标一起被删除

B. 只删除了该应用程序，对应的图标被隐藏

C. 只删除了图标，对应的应用程序被保留

D. 该应用程序连同其图标一起被隐藏

9. 在 Windows 10 中，用“创建快捷方式”创建的图标，（　　）。

A. 可以是任何文件或文件夹　　B. 只能是可执行程序或程序组

C. 只能是单个文件　　D. 只能是程序文件和文档文件

10. 在 Windows 10 中，任务栏（　　）。

A. 只能改变位置不能改变大小　　B. 只能改变大小不能改变位置

C. 既不能改变位置也不能改变大小　　D. 既能改变位置也能改变大小

11. 在 Windows 10 中，下列关于任务栏的叙述，错误的是（　　）。

A. 可以将任务栏设置为自动隐藏

B. 任务栏可以移动

C. 通过任务栏上的按钮，可实现窗口之间的切换

D．在任务栏上，只显示当前活动窗口名

12．Windows 10 中，不能在任务栏内进行的操作是（　　）。

A．设置系统日期的时间　　B．排列桌面图标

C．排列和切换窗口　　D．启动“开始”菜单

13．下列叙述中，正确的是（　　）。

A．“开始”菜单只能用鼠标单击“开始”按钮才能打开

B．Windows 任务栏的大小是不能改变的

C．“开始”菜单是系统生成的，用户不能再设置它

D．Windows 的任务栏可以放在桌面四个边的任意边上

14．利用窗口中右上角的控制菜单图标不能实现的操作是（　　）。

A．最大化窗口　　B．打开窗口　　C．移动窗口　　D．最小化窗口

15．当鼠标指针移到窗口边框上变为（　　）时，拖动鼠标就可以改变窗口大小。

A．小手　　B．双向箭头　　C．四方向箭头　　D．十字

16．下列关于 Windows 10 窗口的叙述中，错误的是（　　）。

A．窗口是应用程序运行后的工作区

B．同时打开的多个窗口可以重叠排列

C．窗口的位置和大小都可改变

D．窗口的位置可以移动，但大小不能改变

17．在 Windows 10 中，用户同时打开的多个窗口，可以层叠、堆叠或并排显示窗口，要想改变窗口的排列方式，应进行的操作是（　　）。

A．右击“任务栏”空白处，然后在弹出的快捷菜单中选取要排列的方式

B．右击桌面空白处，然后在弹出的快捷菜单中选取要排序的方式

C．打开“资源管理器”窗口，在任何打开库中的库面板（文件列表上方）内，选择排列方式

D．打开“资源管理器”窗口，在文件列表空白处右击，选择排序方式

18．在 Windows 10 中，对同时打开的多个窗口进行堆叠排列后，参加排列的窗口为（　　）。

A．所有已打开的窗口　　B．用户指定的窗口

C．当前窗口　　D．除已最小化以外的所有打开的窗口

19．在 Windows 10 中，对同时打开的多个窗口进行层叠式排列，这些窗口的显著特点是（　　）。

A．每个窗口的内容全部可见　　B．每个窗口的标题栏全部可见

C．部分窗口的标题栏不可见　　D．每个窗口的部分标题栏可见

20．在 Windows 10 中，当一个窗口已经最大化后，下列叙述中错误的是（　　）。

A．该窗口可以关闭　　B．该窗口可以移动

C．该窗口可以最小化　　D．该窗口可以还原

21．在 Windows 10 下，当一个应用程序窗口被最小化后，该应用程序（　　）。

A．终止运行　　B．暂停运行

C．继续在后台运行　　D．继续在前台运行

22．在 Windows 10 环境下，实现窗口移动的操作是（　　）。

A．用鼠标拖动窗口中的标题栏　　B．用鼠标拖动窗口中的控制按钮

C．用鼠标拖动窗口中的边框　　D．用鼠标拖动窗口中的任何部位

23．Windows 10 中不能进行窗口最大化操作的是（　　）。

A．双击窗口的标题栏

B．将窗口的标题栏拖动到屏幕的顶部

C．单击窗口的最大化按钮

D．将窗口的标题栏拖动到屏幕的左侧或右侧

24．下列关于 Windows 10 对话框的叙述中，错误的是（　　）。

A．对话框是提供给用户与计算机对话的界面

B．对话框的位置可以移动，但大小不能改变

C．对话框的位置和大小都不能改变

D．对话框中可能会出现滚动条

25．在单个显示器显示并排两个窗口的操作时，对其中的一个窗口可以（　　）。

A．双击窗口的标题栏

B．将窗口的标题栏拖动到屏幕的顶部

C．单击窗口的“最大化”按钮

D．将窗口的标题栏拖动到屏幕的左侧或右侧

26．右击“此电脑”图标，并在弹出的快捷菜单中选择“属性”命令，可以直接查看（　　）。

A．激活状态　　B．控制面板　　C．硬盘信息　　D．C 盘信息

27．在 Windows 操作系统中，应用程序窗口可以移动和改变大小，而对话框窗口（　　）。

A．既不能移动，也不能改变大小　　B．不能移动，可以改变大小

C．可以移动，不能改变大小　　D．既能移动，也能改变大小

28．下列不可能出现在 Windows 10 资源管理器窗口导航窗格的选项是（　　）。

A．此电脑　　B．桌面　　C．(C:)　　D．资源管理器

29．在 Windows 10 的资源管理器导航窗格，单击文件夹图标左侧的“>”符号后，屏幕上显示结果的变化是（　　）。

A．该文件夹的下级文件夹显示在窗口右部

B．导航窗格显示的该文件夹的下级文件夹消失

C．该文件夹的下级文件显示在窗口左部

D．文件夹列表显示的该文件夹的下级文件夹消失

30．在 Windows 10 的资源管理器导航窗格，若显示的文件夹图标前带有“>”符号，意味着该文件夹（　　）。

A．含有下级文件夹　　B．仅含有文件

C．是空文件夹　　D．不含下级文件夹

31. Windows操作系统默认状态下，双击扩展名为“. txt”的文件，Windows系统会自动打开（　　）应用系统窗口。

A. Word　　B. 画图　　C. 记事本　　D. 声音文件

32. 在 Windows 10 中自带截图软件的快捷键是（　　）。

A. 【Shift+Win+S】　　B. 【Shift+Win+A】　　C. 【Ctrl+Alt+A】　　D. 【Alt+A】

33. 在 Windows 资源管理器窗口中，对选定的多个对象，能进行的操作是（　　）。

A. 复制　　B. 剪切　　C. 删除　　D. 以上都可以

34. 在 Windows 10 的资源管理器窗口中，若希望显示文件的名称、类型、大小等信息，则应该选（　　）。

A. 超大图标　　B. 详细信息　　C. 大图标　　D. 小图标

35. 在 Windows 10 中，不能用资源管理器对选定的文件或文件夹进行更名操作的是(　　)。

A. 单击“文件”→“重命名”菜单命令

B. 右击要更名的文件或文件夹，单击快捷菜单中的“重命名”菜单命令

C. 选中要更名的文件或文件夹，然后按【F2】键

D. 间隔双击要更名的文件或文件夹

36. 在 Windows 10 的资源管理器窗口中，为了将选定的硬盘上的文件或文件夹复制到 U 盘，应进行的操作是（　　）。

A. 先将它们删除并放入“回收站”，从“回收站”中恢复

B. 单击选中后将它们从硬盘拖动到 U 盘

C. 单击选中后，在“主页”选项卡下，选择“移动到”，并选择目标 U 盘

D. 右击选中后将它们从硬盘拖动到 U 盘，并从弹出的菜单中选择“移动到当前位置”命令

37. 在 Windows 中，回收站是（　　）。

A. 内存中的一块区域　　B. 硬盘上的一块区域

C. 软盘上的一块区域　　D. 高速缓存中的一块区域

38. 不能打开资源管理器窗口的操作是（　　）。

A. 右击“开始”按钮

B. 单击“任务栏”空白处

C. 在任务栏搜索框中输入“资源管理器”命令

D. 双击“此电脑”

39. 按下鼠标左键在同一驱动器不同文件夹内拖动某一对象，结果是（　　）。

A. 移动该对象　　B. 复制该对象

C. 无任何结果　　D. 删除该对象

40. 按下鼠标左键在不同驱动器不同文件夹内拖动某一对象，结果是（　　）。

A. 移动该对象　　B. 复制该对象

C. 无任何结果　　D. 删除该对象

41. 资源管理器中导航窗格与文件夹列表中间的分隔条（　　）。

A. 可以左右移动　　　　B. 不可以左右移动
C. 自动移动　　　　D. 以上说法都不对

42. 在资源管理器中关于图标升序排列不正确的描述是（　　）。
A. 按名称：表示按文件夹和文件名的字典次序排列图标
B. 按类型：表示按扩展名的字典次序排列图标
C. 按大小：表示按文件和文件夹大小次序排列图标，文件排在先
D. 按日期：表示按修改日期排列，早的在先

43. 下列关于 Windows 10 “回收站”的叙述中，错误的是（　　）。
A. “回收站”可以暂时或永久存放硬盘上被删除的信息
B. 放入“回收站”的信息可以恢复
C. “回收站”所占据的空间是可以调整的
D. “回收站”可以存放 U 盘上被删除的信息

44. 在 Windows 10 中，下列关于“回收站”的叙述中，正确的是（　　）。
A. 不论从硬盘还是 U 盘上删除的文件都可以用“回收站”恢复
B. 不论从硬盘还是 U 盘上删除的文件都不能用“回收站”恢复
C. 用【Delete】键从硬盘上删除的文件可用“回收站”恢复
D. 用【Shift+Delete】键从硬盘上删除的文件可用“回收站”恢复

45. 实行操作（　　），将立即删除选定的文件或文件夹，而不会将它们放入回收站。
A. 按住【Shift】键，再按【Delete】键
B. 按【Delete】键
C. 单击“文件”→“删除”命令
D. 打开快捷菜单，单击“删除”命令

46. 在 Windows 下，硬盘中被逻辑删除或暂时删除的文件被放在（　　）。
A. 根目录下　　B. 回收站　　C. 控制面板　　D. 光驱

47. 在 Windows 10 的窗口中，选中末尾带有省略号 (…) 的菜单意味着（　　）。
A. 将弹出下一级菜单　　　　B. 将执行该菜单命令
C. 该菜单项已被选用　　　　D. 将弹出一个对话框

48. 在菜单命令前带有记号“√”的表示（　　）。
A. 选择该命令弹出一个下拉子菜单　　　　B. 选择该命令后出现对话框
C. 该选项已经选用　　　　D. 该命令无效

49. 在 Windows 10 中，呈灰色显示的菜单意味着（　　）。
A. 该菜单当前不能选用　　　　B. 选中该菜单后将弹出对话框
C. 选中该菜单后将弹出下级子菜单　　　　D. 该菜单正在使用

50. 在 Windows 10 中，为了进行个性化设置计算机，下列操作中，正确的是（　　）。
A. 右击“任务栏”空白处，在弹出的快捷菜单中选择“属性”命令
B. 右击桌面空白处，在弹出的快捷菜单中选择“个性化”命令

C. 右击 C 盘空白处，在弹出的快捷菜单中选择“个性化”命令

D. 单击“开始”菜单，选择“设置”命令

51. 在 Windows 10 中，打开资源管理器窗口后，要改变文件或文件夹的显示方式，应使用（　　）。

A. “文件”选项卡　　B. “主页”选项卡

C. “共享”选项卡　　D. “查看”选项卡

52. 在 Windows 10 中，打开资源管理器窗口后，可以选择（　　）菜单中的“反向选择”命令来放弃已经选中的文件和文件夹，而选中其他尚未选定的文件和文件夹。

A. “文件”选项卡　　B. “主页”选项卡

C. “共享”选项卡　　D. “查看”选项卡

53. 在中文 Windows 10 默认环境中，为了实现各种输入方式的切换，应按的键是（　　）。

A. 【Shift+ 空格】　B. 【Ctrl+Shift】　C. 【Ctrl+ 空格】　D. 【Alt+F6】

54. 在 Windows 10 默认环境中，中英文输入切换键（　　）。

A. 【Shift+ 空格】　B. 【Ctrl+Shift】　C. 【Ctrl+ 空格】　D. 【Alt+F6】

55. 在 Windows 10 默认状态下，实现全角与半角之间的切换操作是（　　）。

A. 【Shift+ 空格】　B. 【Ctrl+Shift】　C. 【Ctrl+ 空格】　D. 【Alt+F6】

56. 在中文 Windows 10 的输入中文标点符号状态下，按（　　）键可以输入中文标点符号顿号。

A. 【~】　B. 【&】　C. 【\\】　D. 【/】

57. 在 Windows 10 的中文标点符号输入状态，为了输入省略号，应按的键是（　　）。

A. 【~】　B. 【—】　C. 【^】　D. 【@】

58. 文件夹存储在（　　）位置，不可以将其包含到库中。

A. 外部硬盘驱动器　　B. 家庭组中的其他计算机上

C. C 驱动器上　　D. 可移动媒体 (如 CD 或 DVD) 上

59. 以下选项中不属于 Windows 10 默认库的是（　　）。

A. 附件　B. 音乐　C. 图片　D. 视频

60. 想选定多个文件，当多个文件不处在一个连续的区域内时，就应先按住（　　）键，再用鼠标逐个单击选定。

A. 【Ctrl】　B. 【Alt】　C. 【Shift】　D. 【Delete】

61. 想选定多个文件，如这多个文件连续成一个区域的，则先选定第一个文件，然后按住（　　）键，再在最后一个文件上单击即可。

A. 【Ctrl】　B. 【Alt】　C. 【Shift】　D. 【Delete】

62. 在 Windows 10 中，文件夹名不能是（　　）。

A. 12%+3%　B. 12$ -3$　C. 12*3!　D. 1&2=0

63. 在 Windows 10 中，下列正确的文件名是（　　）。

A. MYPRKGRAM GROUP.TXT　　B. FILE1|FILE2

C．B<>　　D．CD.F? T.DOC

64．在 Windows 10 中，要更改当前计算机的日期和时间，可以（　　）。

A．右击任务栏上通知区域的时间　　B．使用“控制面板”的“区域”

C．使用附件　　D．使用“控制面板”的“系统”

65．在 Windows 10 中，为保护文件不被修改，可将它的属性设置为（　　）。

A．只读　　B．存档　　C．隐藏　　D．系统

66．在 Windows 10 的资源管理器窗口的文件夹列表，若已单击了第一个文件，又按住【Ctrl】键并单击了第二个文件，则（　　）。

A．有 0 个文件被选中　　B．有 2 个文件被选中

C．有 1 个文件被选中　　D．有 3 个文件被选中

67．在 Windows 10 中，为了将 U 盘上选定的文件移动到硬盘上，正确的操作是（　　）。

A．用鼠标左键拖动后，再选择“移动到当前位置”命令

B．用鼠标右键拖动后，再选择“移动到当前位置”命令

C．按住【Ctrl】键，再用鼠标左键拖动

D．按住【Alt】键，再用鼠标右键拖动

68．以下选项中，不是“Windows 附件”菜单中的应用程序的是（　　）。

A．写字板和记事本　　B．截图工具　　C．Print3D　　D．回收站

69．在 Windows 10 中，各个应用程序之间交换信息的公共数据通道是（　　）。

A．收藏夹　　B．文档库　　C．剪贴板　　D．回收站

70．下列关于剪贴板的叙述中，（　　）是错误的。

A．凡是有“剪切”和“复制”命令的地方，都可以把选取的信息送到剪贴板中去

B．剪贴板中的信息超过一定数量时，会自动清空，以便节省内存空间

C．按【Alt+PrintScreen】组合键或【PrintScreen】组合键都会往剪贴板中送信息

D．剪贴板中的信息可以保存到磁盘文件中长期保存

71．在 Windows 10 默认环境下，下列操作中与剪贴板无关的是（　　）。

A．剪切　　B．复制　　C．粘贴　　D．删除

72．在 Windows 10 默认环境中，下列（　　）组合键能将选定的文档放入剪贴板中。

A．【Ctrl+V】　　B．【Ctrl+Z】　　C．【Ctrl+X】　　D．【Ctrl+A】

73．在 Windows 10 中，若要将当前窗口存入剪贴板中，可以按（　　）键。

A．【Alt+PrintScreen】　　B．【Ctrl+PrintScreen】

C．【PrintScreen】　　D．【Shift+PrintScreen】

74．下面是将“回收站”和剪贴板进行比较的叙述，错误的是（　　）。

A．“回收站”和“剪贴板”都用于文件内部和文件之间的信息交换

B．“回收站”是硬盘中的一块区域，而“剪贴板”是内存中的一块区域

C．“回收站”和“剪贴板”都能暂存信息，“回收站”可将信息长期保存，“剪贴板”则不能

D. “剪贴板”所占的空间由系统控制，而“回收站”所占的空间可由用户设置

75. 在 Windows 10 中，拖动鼠标执行复制操作时，鼠标光标的箭头尾部（　　）。

A. 带有“!”号　　B. 带有“+”号

C. 带有“%”号　　D. 带有“”号

76. 在 Windows 10 中，若系统长时间不响应用户的要求，为了结束该任务，应使用的组合键是（　　）。

A. 【Shift+Esc+Tab】　　B. 【Ctrl+Shift+Enter】

C. 【Alt+Shift+Enter】　　D. 【Alt+Ctrl+Delete】

77. 在使用 Windows 10 过程中，不使用鼠标，可以打开“开始”菜单的操作是（　　）。

A. 按【Ctrl+Shift】组合键　　B. 按【Shift+Tab】组合键

C. 按【Ctrl+Esc】组合键　　D. 按【Ctrl+Tab】组合键

78. 在 Windows 10 默认环境中，下列（　　）不能使用“搜索”命令。

A. 用“开始”菜单中的“搜索框”

B. 用“资源管理器”窗口中的“搜索框”

C. 用“计算机”窗口中的“搜索框”

D. 右击“回收站”图标，然后在弹出的菜单中选择“搜索”命令

79. 在 Windows 10 中，要更改或卸载计算机上已安装的程序，正确的操作应该是（　　）。

A. 打开“资源管理器”窗口，使用鼠标拖动

B. 打开“控制面板”窗口，单击“程序和功能”图标

C. 找到安装目录，直接删除文件夹内所有文件

D. 【Windows 徽标键 +R】访问“运行”命令，在弹出的“运行”对话框中使用 del 命令

80. 创建“快捷方式”的作用是（　　）。

A. 允许在不同窗口访问同一对象，而不必将该对象复制到需要打开它的窗口

B. 可以便于用户在文件夹中访问该对象，但必须将对象复制到文件夹的目录中

C. 可方便地同时打开多个对象，并使它们都成为当前活动窗口

D. “桌面”上所有图标的路径同它们所代表的程序项的路径是一样的

81. 快捷方式和文件本身的关系是（　　）。

A. 没有明显的关系

B. 快捷方式是文件的备份

C. 快捷方式其实就是文件本身

D. 快捷方式与文件原位置建立了一个链接关系

82. 以下关于 Windows 快捷方式的说法中，正确的是（　　）。

A. 一个快捷方式可指向多个目标对象　　B. 一个对象可有多个快捷方式

C. 只有文件夹对象可建立快捷方式　　D. 不允许为快捷方式建立快捷方式

83. 鼠标的基本操作包括（　　）。

A. 双击 单击 拖动 执行　　B. 单击 拖动 双击 指向

C. 单击 拖动 执行 复制　　　　D. 单击 移动 执行 删除

84. 要关闭正在运行的程序窗口，可以按（　　）组合键。

A. 【Alt+Ctrl】　　B. 【Alt+F3】　　C. 【Ctrl+F4】　　D. 【Alt+F4】

85. 在几个任务间切换可用键盘命令（　　）。

A. 【Alt+Tab】　　B. 【Shift+Tab】　　C. 【Ctrl+Tab】　　D. 【Alt+Esc】

86. 在 Windows 10 中，显示桌面快捷键是（　　）。

A. 【Win+D】　　B. 【Win+P】　　C. 【Win+Tab】　　D. 【Alt+Tab】

87. 在“运行”中输入“cmd”打开 MS-DOS 窗口，最后退出的方法是（　　）。

A. 按【Alt】键，并按【Enter】键　　B. 输入“Quit”，并按【Enter】键

C. 输入“Exit”，并按【Enter】键　　D. 输入“win”，并按【Enter】键

88. 在 Windows 10 中几乎所有的系统环境设置功能都可以在（　　）进行设置。

A. 计算机　　B. 打印机　　C. 控制面板　　D. 资源管理器

89. 要改变字符重复速度的设置，应首先单击“控制面板”窗口中的（　　）图标。

A. “鼠标”　　B. “显示”　　C. “键盘”　　D. “系统”

90. 关于个性化设置计算机，下列描述错误的是（　　）。

A. 主题是计算机上的图片、颜色和声音的组合

B. 主题包括桌面背景、屏幕保护程序、窗口边框颜色和声音，有时还包括图标和鼠标指针

C. 可以选择某个图片作为桌面背景，也可以以幻灯片形式显示图片

D. 可以选择某个图片作为桌面背景，不可以以幻灯片形式显示图片

91. 在 Windows 10 中，屏幕保护程序的主要作用是（　　）。

A. 保护用户的眼睛

B. 保护用户的身体

C. 个性化计算机或通过提供密码保护来增强计算机安全性的一种方式

D. 保护整个计算机系统

92. 要更改鼠标指针移动速度的设置，应在“鼠标 属性”对话框中选择的选项卡是（　　）。

A. 鼠标键　　B. 指针　　C. 硬件　　D. 指针选项

93. 要设置日期分隔符，应首先单击“控制面板”窗口中的（　　）。

A. “日期和时间”图标　　B. “键盘”图标

C. “区域”图标　　D. “系统”图标

94. 下列叙述错误的是（　　）。

A. 附件下的“记事本”是文本编辑器

B. 附件下的“写字板”也是文本编辑器

C. 附件下的“写字板”提供了在文档中插入声频和视频信息等对象的功能

D. 使用附件下的“画图”工具绘制的图片可以设置为桌面背景

95. 在记事本的编辑状态，进行“设置字体”操作时，应当使用（　　）菜单中的命令。

A. 文件　　B. 编辑　　C. 查看　　D. 格式

96．在记事本的编辑状态，进行“页面设置”操作时，应当使用（　　）菜单中的命令。

A．文件　　B．编辑　　C．查看　　D．格式

97．在写字板的编辑状态，进行“段落对齐”操作时，（　　）是错误的。

A．左对齐　　B．右对齐　　C．两端对齐　　D．居中

98．打开任务管理器的快捷键是（　　）。

A．【Ctrl+V】　　B．【Ctrl+Shift+Esc】

C．【Alt+F4】　　D．【Ctrl+Shift+Delete】

99．利用 Windows 10 附件中的“画图”应用程序可以打开的文件类型包括（　　）。

A．.aui、.wav、.bmp　　B．.mp3、.bmp、.gif

C．.bmp、.mov、.gif　　D．.bmp、.gif、.jpeg

100．在 Windows 10 系统的任何操作过程中都可以使用（　　）键获得帮助。

A．【F1】　　B．【Ctrl+F1】　　C．【Esc】　　D．【F11】

## 二、判断题

1．磁盘碎片整理过程不会占用大量的资源，可以经常进行磁盘碎片整理。（　　）

2．用户不可以对 NTFS 文件系统进行驱动器压缩。（　　）

3．在 IE 浏览器中，默认情况下，本地 Internet 区域的安全级别设置为“中”。（　　）

4．在“磁盘属性”对话框的“常规”选项卡中，能找到“磁盘清理”选项。（　　）

5．按【Ctrl+W】组合键可以关闭当前窗口。（　　）

6．对于不使用的输入法，可以选择从系统中卸载。（　　）

7．在设置鼠标属性时，“指针“选项卡中的“方案”下拉列表中可选择需要的方案来设置操作过程中鼠标指针的形状。（　　）

8．默认情况下鼠标滚动滑轮一次滚动 5 行。（　　）

9．选中一个文件夹，单击即可打开。（　　）

10．FAT 是文件分配表 (file allocation table) 的英文缩写。（　　）

11．文件的路径名表示某个文件存放的位置。（　　）

12．星号 (*) 只能代替文件名中的一个字符。（　　）

13．使用【Delete】键删除的文件是放进回收站里，里面的文件是不能还原的。（　　）

14．还原一个文件，可以直接将其从“回收站”中用鼠标拖出。（　　）

15．要在新硬盘上安装操作系统，必须先对硬盘进行分区。（　　）

16．使用粘贴操作复制文件（夹）的快捷键是【Ctrl+V】。（　　）

17．要更改一个文件夹的图标，可执行以下操作：右击选定的文件夹，单击“属性”→“自定义”→“图标”命令。（　　）

18．按住【Ctrl】键，同时单击要取消的文件，可以取消选中的文件。（　　）

19．???.com 表示文件名为三个字符，扩展名为 com 的文件。（　　）

20．为了防止某些重要的文件被误删，可以将文件设置为存档属性。（　　）

21．回收站在每个驱动器上都要为被删除文件准备预留空间。（　　）

22．用户可以更改文件夹图标，但不能将其更改应用在子文件夹上。（ ）

23．对鼠标左键操作只能是单击和双击两种。（ ）

24．在 Windows 硬件及“回收站”等进操作系统的资源管理器中，不仅对文件及文件夹进行管理，而且还能对计算机进行管理。（ ）

25．Windows 操作系统中，可以对双键鼠标左右键的功能进行设定。（ ）

26．在 Windows 操作系统中，若要选择多个不连续的操作对象，可在按住【Shift】键的同时，单击对象来实现。

27．桌面上每个快捷方式图标，均须对应一个应用程序才可运行。（ ）

28．利用 Windows 操作系统“资源管理器”的“主页”→“移动到”操作，能令文件改变位置。（ ）

29．在 Windows 中，回收站与剪贴板一样，是内存中的一块区域。（ ）

30．Windows 回收站中的文件不占用硬盘空间。（ ）

## 2.3 Word 2016 文字处理软件及应用

### 一、单选题

1．“文件”选项卡中“关闭”命令的意思是（ ）。

A．关闭 Word 窗口连同其中的文档窗口，并退到 Windows 窗口中

B．关闭文档窗口，并退出 Windows 窗口

C．关闭 Word 窗口连同其中的文档窗口，退到 DOS 状态下

D．关闭文档窗口，但仍在 Word 内

2．“文件”选项卡中“退出”命令的意思是（ ）。

A．关闭 Word 窗口连同其中的文档窗口并退到 Windows 窗口中

B．关闭 Word 窗口连同其中的文档窗口并退到 DOS 窗口中

C．退出 Word 窗口并关机

D．退出正在执行的文档，但仍在 Word 窗口中

3．在 Word 2016 编辑状态中，能设定文档行间距的功能按钮位于（ ）中。

A．“文件”选项卡　　B．“开始”选项卡

C．“插入”选项卡　　D．“布局”选项卡

4．在“文件”选项卡有若干个文件名，其意思是（ ）。

A．这些文件目前均处于打开状态

B．这些文件正在排队等待打印

C．这些文件最近用 Word 处理过

D．这些文件是当前目录中扩展名为 .txt 和 .doc 的文件

5．在选定栏选择段落可以（ ）该段落。

A．单击　　B．双击　　C．三击　　D．右击

6．在 Word 2016 中，不用“打开文件”对话框就能直接打开最近使用过的 Word 文件的方法是（　　）。

A．工具栏按钮　　B．“文件”→“打开”

C．快捷键　　D．“文件”选项卡中的“最近所有文件”

7．保存 Word2016 文件的快捷键是（　　）。

A．【Ctrl+O】　　B．【Ctrl+S】　　C．【Ctrl+N】　　D．【Ctrl+V】

8．对文件 A．docx 进行修改后退出时，Word 2016 会提问“是否保存对 A．docx 所做的修改”，如要保留原文件，将修改后的文件存为另一文件，应选（　　）。

A．是　　B．否　　C．取消　　D．帮助

9．如果想要设置定时自动保存，应按（　　）步骤进行。

A．“文件”→“另存为”，打开“文件”对话框

B．“文件”→“保存”

C．“文件”→“选项”，打开“Word 选项”，保存

D．“文件”→“另存为 Web 页”

10．所有段落格式排版都可以通过（　　）所打开的对话框来设置。

A．“文件”→“打开”　　B．“文件”→“段落”

C．“开始”→“段落”　　D．“开始”→“字体”

11．用英文录入文件时，大小写切换键是（　　）。

A．【Tab】　　B．【CapsLock】　　C．【Ctrl】　　D．【Shift】

12．用鼠标选择输入法时可以单击屏幕（　　）方的输入法选择器。

A．左上　　B．左下　　C．右下　　D．右上

13．删除文本可用的快捷键是（　　）。

A．【Ctrl+C】　　B．【Ctrl+V】　　C．【Ctrl+X】　　D．【Ctrl+Z】

14．在 Word 2016 里，通常定义块包括从起点至终点的所有行中的所有字符，但如果按住（　　）组合键同时定义块，则可以定义为一个矩形块。

A．【Ctrl+Shift】　　B．【Shift】　　C．【Ctrl】　　D．【Alt】

15．用鼠标选择光标所在单词，可以（　　）该单词。

A．单击　　B．双击　　C．三击　　D．右击

16．在 Word 2016 中选定一个句子的方法是（　　）。

A．单击该句中任意位置

B．双击该句中任意位置

C．按住【Ctrl】键的同时单击句中任意位置

D．按住【Ctrl】键的同时双击句中任意位置

17．选择光标所在段落可以（　　）该段落。

A．单击　　B．双击　　C．三击　　D．右击

18．选择全文按（　　）组合键。

A．【Ctrl+A】　　B．【Shift+A】

C. 【Alt+A】　　D. 【Alt+Shift+A】

19. 复制操作第一步首先应（　　）。

A. 光标定位　　B. 选择文本对象

C. 按【Ctrl+C】组合键　　D. 按【Ctrl+V】组合键

20. 用选项卡方法同样可进行删除、复制、移动等操作，首先单击（　　）选项卡。

A. “文件”　　B. “开始”　　C. “视图”　　D. “插入”

21. 打印页码“2 ~ 5，10，12”表示打印的是（　　）。

A. 第2页，第5页，第10页，第12页

B. 第2页至5页，第10至12页

C. 第2至5页，第10页，第12页

D. 第2页，第3页，第5页，第10页，第12页

22. 进入数学公式环境是通过单击（　　）来实现的。

A. “文件”→“打开”　　B. “编辑”→“查找”

C. “插入”→“对象”　　D. “工具”→“选项”

23. 前后两个段落，段落格式化也不同，当删除前一个段落末尾结束标记（回车符）时，（　　）。

A. 两个段落会合并为一段，原先各格式丢失而采用文档默认格式

B. 仍为两段，且格式不变

C. 两段文字合并为一段，并采用原前段格式

D. 两段文字合并为一段，并采用原后段格式

24. 查找的快捷键是（　　）。

A. 【Ctrl+C】　　B. 【Ctrl+V】　　C. 【Ctrl+F】　　D. 【Ctrl+H】

25. 替换的快捷键是（　　）。

A. 【Ctrl+C】　　B. 【Ctrl+V】　　C. 【Ctrl+F】　　D. 【Ctrl+H】

26. 在（　　）视图方式中能看到图文框和使用绘图工具绘制的图形。

A. 阅读版式　　B. 大纲　　C. 页面　　D. 所有

27. 进入页眉、页脚编辑区可单击（　　）选项卡，选择页眉、页脚命令。

A. “文件”　　B. “页面布局”　　C. “插入”　　D. “视图”

28. 关于Word 2016中的页面设置说法，不正确的是（　　）。

A. 每一章都可以有自己的页面设置

B. 默认值是不允许改变的

C. 双击标尺上面刻度以上部位打开“页面设置”对话框

D. 同一章都可以有不同的页面设置

29. 选择输入法的快捷键为（　　）。

A. 【Ctrl+空格】　　B. 【Shift+空格】　　C. 【Ctrl+Shift】　　D. 【Alt+Shift】

30. 切换中英文输入的快捷键为（　　）。

A．【Ctrl+ 空格】　B．【Shift+ 空格】　C．【Ctrl+Shift】　D．【Alt+Shift】

31．录入文档时，改写、插入切换方式可按（　　）键。

A．【Insert】　B．【Delete】　C．【Ctrl】　D．【Alt】

32．在任何时候想得到关于当前打开菜单或对话框内容的帮助信息，可（　　）。

A．按【F1】键　B．按【F2】键　C．按【F3】键　D．按【F4】键

33．口令的字符长度应小于或等于（　　）。

A．6　B．8　C．15　D．12

34．在 Word 2016 的“插图”组中不可以直接绘制的是（　　）。

A．椭圆形、长方形　B．格式 / 段落

C．正圆形、正方形　D．任意形状的线条

35．在选定栏选定一行文字的方法是（　　）鼠标左键。

A．单击　B．双击　C．三击　D．右击

36．为了看清文件的打印输出效果，应使用（　　）。

A．大纲视图　B．页面视图

C．阅读版式视图　D．Web 版式视图

37．所有的特殊符号都可通过（　　）选项卡中的“符号”实现。

A．“文件”　B．“开始”　C．“插入”　D．“视图”

38．插入分节符或分页符可通过（　　）。

A．“文件”→“页面”　B．“格式”→“段落”

C．“格式”→“制表位”　D．“页面布局”→“分隔符”

39．分栏排版可通过（　　）来实现。

A．“开始”→“字体”　B．“插入”→“分栏”

C．“页面布局”→“分栏”　D．“格式”→“段落”

40．撤销最后一个动作，可用快捷键（　　）。

A．【Ctrl+W】　B．【Shift+X】　C．【Shift+Y】　D．【Ctrl+Z】

41．首字下沉可通过（　　）来实现。

A．“插入”→“插图”→“首字下沉”　B．“插入”→“文本”→“首字下沉”

C．“格式”→“分栏”→“首字下沉”　D．“格式”→“段落”→“首字下沉”

42．在 Word 中“粘贴”按钮呈灰色（　　）。

A．说明剪贴板有内容，但不是 Word 能使用的内容

B．因特殊原因，该粘贴命令永远不能被使用

C．只有执行了复制命令后，该粘贴命令才能被使用

D．当执行了剪切命令后，该粘贴命令可被使用

43．在 Word 2016 中，“查找和替换”对话框设定了搜索范围为向下搜索并单击“全部替换”按钮，则（　　）。

A．对整篇文档查找并替换当前找到的内容

B. 从插入点开始向下查找并替换当前找到的内容

C. 从插入点开始向下查找并全部替换匹配的内容

D. 从插入点开始向上查找并替换匹配的内容

44. 在编辑 Word 2016 文档时，输入的新字符总是覆盖了文档中已输入的字符（　　）。

A. 原因是当前文档正处于改写的编辑方式

B. 按【Esc】键可防止覆盖发生

C. 连按两次【Insert】键搜索，可防止覆盖发生

D. 按【Delete】键可防止覆盖发生

45. 关于 Word 2016 的编辑表格操作不正确的是（　　）。

A. 编辑表格可以用“绘制表格”和“插入表格”两种方法

B. “绘制表格”可以绘制不规则的表格

C. “插入表格”适合建立规则表格

D. 利用“插入”选项卡中“表格”组中“插入表格”按钮，最多制作 4 行 5 列的表格

46. 在 Word 2016 编辑的内容中，文字下面有红色波浪下画线，表示（　　）。

A. 已修改过的文档　　B. 已输入的确认

C. 可能的拼写错误　　D. 对文本添加了下画线

47. 在 Word 2016 中，下列说明中错误的是（　　）。

A. 从文档窗口的标题栏可以看出该文档的文件名

B. 单击文档编辑窗口的“×”按钮，可以关闭文档窗口

C. 不可以选定多个不连续的文本区域

D. 剪贴板上的内容可以多次粘贴

48. 在 Word 2016 的编辑状态打开了一个文档，对文档没做任何修改，随后单击 Word 主窗口标题栏右侧的“关闭”按钮或单击“文件”选项卡中的“退出”命令，则（　　）。

A. 仅文档窗口被关闭　　B. 文档和 Word 主窗口全被关闭

C. 仅 Word 主窗口被关闭　　D. 文档和 Word 主窗口全未被关闭

49. 在 Word 2016 中，当前正在编辑的文档的文档名显示在（　　）。

A. 工具栏的右边　　B. 文件菜单中　　C. 状态栏　　D. 标题栏

50. 在进行（　　）操作时，不能将当前文档存盘。

A. 打开另一文档

B. 单击“文件”选项卡中的“保存”命令

C. 单击“文件”选项卡中的“另存为”命令

D. 单击“文件”选项卡中的“关闭”命令，然后单击“是”按钮

51. 退出 Word 2016 可用快捷键（　　）。

A. 【Ctrl+F4】　　B. 【Alt+F4】　　C. 【Alt+X】　　D. 【Alt+Shift】

52. 在 Word 2016 中，想用新名字保存文件应（　　）。

A. 选择“文件”选项卡中的“另存为”命令

B．选择“文件”选项卡中的“保存”命令

C．单击快速访问工具栏中的“保存”按钮

D．复制文件到新命名的文件中

53．在 Word 2016 中，要复制字符格式而不复制字符，需用（　　）按钮。

A．格式选定　　B．格式刷　　C．格式　　D．复制

54．在 Word 2016 的编辑状态下，文档中有一行被选择，当按【Delete】键后（　　）。

A．删除插入点　　B．删除被选择的行

C．删除被选择的行及其之后的内容　　D．删除插入点及其之后的内容

55．在 Word 2016 中每一页都要出现的基本内容一般应放在（　　）中。

A．文本框　　B．脚注　　C．第一页　　D．页眉 / 页脚

## 二、判断题

1．在 Word 2016 中，【Alt+Space】组合键可以从汉字输法切换到英文状态。（　　）

2．在 Word 2016 编辑状态下，闪烁的垂直条表示插入点。（　　）

3．Word 2016 中表示“加粗”按钮的字母是“B”。（　　）

4．段落标记是在按【Enter】键后产生的。（　　）

5．第一次保存文件时会弹出名为“保存”的对话框。（　　）

6．Word 2016 中段落标记在段落中无法看到。（　　）

7．在 Word 2016 文档中，默认的对齐方式是左对齐。（　　）

8．在 Word 2016 中，只有在普通视图下才能显示页眉和页脚。（　　）

9．删除一行文字时，是将光标置于行首，按住【Delete】键来实现。（　　）

10．在 Word 2016 中按【Ctrl+S】组合键是执行保存操作。（　　）

11．在 Word 2016 文本区中，插入点的形状是闪烁的横线。（　　）

12．首行缩进项目可以在字体设置中完成。（　　）

13．在 Word 2016 中，如果给文档设置了密码就只能修改文档了，不能删除。（　　）

14．打开 Word 2016 文档是把文档的内容从内存中读入并显示出来。（　　）

15．在 Word 2016 中一个非 Word 格式的标准文件，经过转换可以使用。（　　）

16．在 Word 2016 中要选择某句子时，双击该句子中的文本。（　　）

17．在 Word 2016 中可以同时打开多个文档，当前活动的文档只能有一个。（　　）

18．在 Word 2016 中，剪切掉的内容就不能再进行恢复了。（　　）

19．Word 2016 进行打印预览时，可多页同时观看。（　　）

20．Word 2016 文档可以设置密码，密码只能由数字组成。（　　）

# 2.4 Excel 2016 电子表格处理软件及应用

## 一、单选题

1．工作表是指由（　　）行和列构成的一个表格。

A. 16 384×108　　B. 9 192×256

C. 65 536×108　　D. 10 485 76×16 384

2. 在默认条件下，每一工作簿文件会打开（　　）个工作表文件，分别用 Sheet1、Sheet2……来命名。

A. 5　　B. 4　　C. 3　　D. 2

3. 如果输入以（　　）开始，Excel 认为单元的内容为一个公式。

A. !　　B. =　　C. *　　D. √

4. 一个 Excel 工作表可包含最多（　　）列。

A. 150　　B. 16 384　　C. 300　　D. 400

5. 一个 Excel 工作簿可包含（　　）工作表。

A. 8　　B. 160　　C. 200　　D. 255

6. 当鼠标指针移到自动填充柄上，鼠标指针变为（　　）。

A. 双箭头　　B. 白十字　　C. 黑十字　　D. 黑矩形

7. 函数“=SUM(3,2 ,TRUE,FALSE)”的结果为（　　）。

A. 5　　B. 6　　C. 4　　D. 3

8. 改变活动单元格的内容，应按（　　）键。

A. 【F8】　　B. 【F3】　　C. 【F2】　　D. 【F5】

9. 活动单元地址显示在（　　）内。

A. 工具栏　　B. 菜单栏　　C. 名称框　　D. 状态栏

10. 在 Excel 公式中用来进行乘的标记为（　　）。

A. X　　B. ()　　C. ^　　D. *

11. 在工作中，选取不连续的区域时，首先按下（　　）键，然后单击需要的单元格区域。

A. 【Ctrl】　　B. 【Alt】　　C. 【Shift】　　D. 【Backspace】

12. 查看帮助信息可在主窗口的（　　）进行。

A. “开始”选项卡　　B. “数据”选项卡

C. “视图”选项卡　　D. “文件”选项卡

13. 可退出 Excel 的方法是（　　）。

A. 单击“文件”选项卡，再单击“关闭”命令

B. 单击“文件”选项卡，再单击“退出”命令

C. 单击其他已打开的窗口

D. 单击标题栏上的“最小化”按钮

14. 保存文档的命令出现在（　　）选项卡中。

A. “保存”　　B. “视图”　　C. “文件”　　D. “插入”

15. 在 Excel 的快速访问工具栏中“恢复”命令能够（　　）。

A. 重复上次操作

B. 恢复对文档进行的最后一次操作前的样子

C．显示上一次操作

D．显示二次的操作内容

16．下面说法正确的是（　　）。

A．一个工作簿可以包含多个工作表　　B．一个工作簿只能包含一个工作表

C．工作簿就是工作表　　D．一个工作表可以包含多个工作簿

17．绝对地址前面应使用下列（　　）符号。

A．*　　B．$　　C．#　　D．^

18．单元格中的数据可以是（　　）。

A．字符串　　B．一组数字

C．一个图形　　D．A、B、C 都可以

19．以下（　　）是绝对地址。

A．$D$8　　B．$D5　　C．*A5　　D．以上都不对

20．要调整列宽，需将鼠标指针移至列标标头边框的（　　）。

A．左边　　B．右边　　C．顶端　　D．下端

21．如果删除了公式中使用的单元格，则该单元格显示（　　）。

A．###　　B．?　　C．*REF!　　D．以上都不对

22．可在工作表中插入空白单元格的命令是（　　）。

A．“插入”→“单元格”→“插入”　　B．“选项”→“单元格”→“插入”

C．“开始”→“单元格”→“插入”　　D．以上都不对

23．如果单元格中的数太大不能显示时，一组（　　）显示在单元格内。

A．?　　B．*　　C．ERROR!　　D．#

24．对于建立自定义序列，可使用（　　）命令来建立。

A．“文件”→“选项”　　B．“数据”→“选项”

C．“插入”→“选项”　　D．“视图”→“选项”

25．当输入数字超过单元格能显示的位数时，则以（　　）表示。

A．科学记数法　　B．百分比　　C．货币　　D．自定义

26．Excel 的主要功能是（　　）。

A．表格处理，文字处理，文件管理　　B．表格处理，网络通信，图表处理

C．表格处理，数据库管理，图表处理　　D．表格处理，数据库管理，网络通信

27．Excel 工作簿文件的扩展名为（　　）。

A．.docx　　B．.txtx　　C．.xlsx　　D．.xltx

28．Excel 应用程序窗口最后一行称作状态行，Excel 准备接收输入的数据时状态行显示（　　）。

A．等待　　B．就绪　　C．输入　　D．编辑

29．利用 Excel 编辑栏的名称框，不能实现（　　）。

A．选定区域　　B．删除区域或单元格名称

C．为区域或单元格定义名称　　D．选定已定义名称的区域或单元格

30．如果在工作簿中既有一般工作表又有图表，当单击“文件”→“保存”命令时，Excel将（　　）。

A．只保存其中的工作表

B．只保存其中的图表

C．把一般工作表和图表保存到一个文件中

D．把一般工作表和图表分别保存到两个文件中

31．在 Excel 中，下列（　　）是正确的区域表示法。

A．a1#d4　　B．a1..d5　　C．a1:d4　　D．a1>d4

32．若在工作表中选取一组单元格，则其中活动单元格的数目是（　　）。

A．1 行单元格　　B．1 个单元格

C．1 列单元格　　D．被选中的单元格个数

33．设区域 A1:A8 中各单元格中的数值均为 1，A9 为空白单元，则函数“=AVERAGE(A1:A9)”的结果与公式（　　）的结果相同。

A．=8/10　　B．=8/9　　C．=8/8　　D．=9/10

34．设 Excel 工作表中 A1 单元的数据为 TRUE，B1 单元中的数据为 FALSE，则条件函数“=IF(A1,B1,3)”的结果为（　　）。

A．TRUE　　B．FALSE　　C．3　　D．4

35．函数“=AVERAGE(-1,0,1,2,TRUE,FALSE,7,-3)”的结果为（　　）。

A．0.875　　B．1　　C．1.17　　D．1.4

36．关于填充柄的说法不正确的是（　　）。

A．它位于活动单元格的右下角

B．它的形状是“+”字形

C．它可以填充颜色

D．拖动它可将活动单元格内容复制到其他单元格

37．如果一个工作簿中含有若干个工作表，则当保存时（　　）。

A．存为一个磁盘文件

B．有多少个工作表就存为多少个磁盘文件

C．工作表不超过三个就存为一个磁盘文件，否则存为多个磁盘文件

D．由用户指定存为一个或几个磁盘文件

38．在 Excel 工作表中，利用 C5 单元格的填充柄形成单元格 D5 中的公式“=$B$2+C4”，则 C5 单元格中的公式为（　　）。

A．=$A$2+B4　　B．=$B$2+B4　　C．=$A$2+C4　　D．=$B$2+C4

39．在 Excel 工作簿中，至少应含有的工作表个数是（　　）。

A．1　　B．2　　C．3　　D．4

40．在 Excel 工作表中，不正确的单元格地址是（　　）。

A．C$66　　B．$C66　　C．C6$6　　D．$C$66

41．下列单元格引用，（　　）是混合引用。

A．SUM(C2:E6)　　B．SUM($C$2:$E$6)　　C．SUM(C$2:$E6)　　D．SUM(C2:E3)

42．Excel 工作表中，单元格区域 D2:E4 所包含的单元格个数是（　　）。

A．5　　B．6　　C．7　　D．8

43．在 Excel 工作表中，选定某个单元格，单击“开始”→“单元格”→“删除”命令，不可能完成的操作是（　　）。

A．删除该行　　B．右侧单元格左移

C．删除该列　　D．左侧单元格右移

44．在 Excel 工作表中，数据库清单中的列标志相当于数据库中的（　　）。

A．记录　　B．记录表　　C．字段值　　D．字段名

45．在 Excel 工作表中，单击某有数据的单元格，当鼠标指针为向左方空心箭头时，仅拖动鼠标可完成的操作是（　　）。

A．复制单元格内数据　　B．删除单元格内数据

C．移动单元格内数据　　D．不能完成任何操作

## 二、判断题

1．在 Excel 中，单元格数据格式只包括数字格式。（　　）

2．在 Excel 中，函数的输入有两种方法，一种为粘贴函数法，另一种为间接输入法。（　　）

3．在 Excel 中，若用户在单元格中输入“(5)”，表示数值 5。（　　）

4．在 Excel 工作表的单元格中使用公式时，可能会出现错误结果，例如，在公式中将一个数除以 0，单元格中就会显示“######”这样的出错值。（　　）

5．在 Excel 中，用户可根据需求对工作表重新命名，方法是：双击要重命名的工作表标签，工作表标签将突出显示，再输入新的工作表名，按【Enter】键确定。（　　）

6．在 Excel 中，图表的大小和类型可以改变。（　　）

7．如果工作表的数据比较多时，可以采用工作表窗口冻结的方法，使标题行或列不随滚动条移动。（　　）

8．Excel 的数据图表是将单元格中的数据以各种统计图表的形式显示或打印，使得数据更直观。当工作表中的数据发生变化时，图表中对应项的图形不会发生变化。（　　）

9．在 Excel 数据列表的应用中，对数据的排序只能按列进行，如果指定列的数据有相同部分的情况，可以使用多列（次关键字）排序，Excel 允许对不超过 3 列的数据进行排序。（　　）

10．在 Excel 数据列表的应用中，分类汇总只适合于按一个字段分类，且数据列表的每一列数据必须有列标题，分类汇总前不必对分类字段进行排序。（　　）

11．在 Excel 中可以将自己喜欢的图片设置为工作表的背景图片。（　　）

12．“混合引用”可以只固定行或固定列，没有被固定的部分，依然会依据相对地址调整引用。（　　）

13．单元格的“清除”与“删除”功能是相同的。 （ ）

14．“排序”对话框中的“当前数据清单”中只有有标题行和无标题行两种选择。

（ ）

15．在 Excel 操作中使用保存命令会覆盖原先的文件。 （ ）

## 2.5 PowerPoint 2016 演示文稿制作软件及应用

### 一、单选题

1．利用菜单关闭当前编辑的演示文稿，但不退出 PowerPoint 2016 的操作是（ ）。

A．单击“文件”→“关闭”命令 B．单击“文件”→“退出”命令

C．单击“文件”→“保存”命令 D．单击“文件”→“帮助”命令

2．PowerPoint 2016 演示文稿文件的默认扩展名是（ ）。

A．.PTTX B．.FPTX C．.PPTX D．.PRG

3．通过菜单对存放在磁盘中的演示文稿文件进行编辑时，正确的操作方法是（ ）。

A．单击“文件”→“新建”命令，再在“新建”对话框中选择该文件

B．单击“文件”→“打开”命令，再在“打开”对话框中选择该文件

C．单击“开始”→“新建”命令，再在“查找”对话框中选择该文件

D．单击“开始”→“新建”命令，再在“定位”对话框中选择该文件

4．PowerPoint 2016 的演示文稿具有（ ）视图、大纲视图、幻灯片浏览、备注页和阅读视图。

A．普通 B．动画 C．页面 D．联机版式

5．PowerPoint 2016 的各种视图中，专门显示单个幻灯片以进行编辑的视图是（ ）。

A．普通视图 B．幻灯片浏览视图 C．备注页 D．阅读视图

6．能对幻灯片进行移动、删除、复制，但不能编辑幻灯片中具体内容的视图是（ ）。

A．幻灯片视图 B．幻灯片浏览视图 C．备注页 D．阅读视图

7．专用于编辑、修改幻灯片标题和正文的窗格是（ ）。

A．幻灯片窗格 B．幻灯片浏览视图

C．幻灯片放映视图 D．大纲窗格

8．只能为幻灯片编写注释，不能对幻灯片内容进行编辑操作的窗格是（ ）。

A．幻灯片窗格 B．普通视图 C．备注窗格 D．大纲窗格

9．要在演示文稿的某张幻灯片中插入图表或照片等图形，应在（ ）中进行。

A．幻灯片放映视图 B．幻灯片浏览视图 C．幻灯片视图 D．普通视图

10．在 PowerPoint 2016 中，同时具有大纲窗格、幻灯片窗格和备注窗格的视图是（ ）。

A．幻灯片视图 B．普通视图 C．备注视图 D．大纲视图

11．在 PowerPoint 2016 的幻灯片浏览视图中，不能进行的工作是（ ）。

A．复制幻灯片 B．删除幻灯片

C．幻灯片文本的编辑修改　　D．重排所有幻灯片次序

12．在普通视图中，若幻灯片没插入页码，仍可从（　　）中知道当前幻灯片的页码。

A．状态栏　　B．菜单栏　　C．格式栏　　D．图片栏

13．想改变演示文稿中幻灯片的顺序，能实现且最方便的视图环境是（　　）。

A．幻灯片放映　　B．幻灯片浏览　　C．备注　　D．幻灯片

14．在幻灯片浏览视图中删除某张幻灯片，先选中它，再按（　　）键。

A．【Alt】　　B．【Ctrl】　　C．【Shift】　　D．【Delete】

15．在普通视图环境下，以下说法正确的是（　　）。

A．视图中的三种窗格尺寸大小无法调整，也不能浏览幻灯片外观

B．视图中的三种窗格尺寸大小能够调整，但不能浏览幻灯片外观

C．尺寸能调整，能编辑幻灯片上的文字、插入/删除图片，但不能浏览幻灯片外观

D．既能调整窗格尺寸、编辑文字、插入/删除图片，又能浏览幻灯片外观

16．对于幻灯片备注来说，以下说法正确的是（　　）。

A．备注只能在备注窗格下添加，但放映幻灯片时能显示备注

B．备注只能在备注窗格下添加，而且放映幻灯片时不显示备注

C．备注能在备注窗格、大纲窗格和普通窗格下添加，放映幻灯片时能显示备注

D．备注不能在普通视图下添加，但放映幻灯片时不显示

17．对幻灯片上被选定文本的降级操作是指（　　）。

A．将文本移到下一张幻灯片上　　B．将文本移到上一张幻灯片上

C．使文本向左缩进　　D．使文本向右缩进

18．对幻灯片上被选定文本的下移操作是指（　　）。

A．将文本移到下一张幻灯片上

B．将文本移到下一文本行的位置

C．将文本移至下一文本行；若当前幻灯片容纳不下，会进入下一张幻灯片

D．将文本从幻灯片上彻底移除

19．幻灯片窗格中每次只能显示一张幻灯片。想显示下一张，可用（　　）键。

A．【PgUp】　　B．【PgDn】　　C．光标上箭头　　D．【Tab】

20．在 PowerPoint 2016 中，改变项目符号可单击（　　）→“段落”→“项目符号”命令。

A．“开始”　　B．“插入”　　C．“设计”　　D．“编辑”

21．在 PowerPoint 2016 中，若给幻灯片更换背景颜色，可单击（　　）→“背景”命令。

A．“设计”　　B．“开始”　　C．“文件”　　D．“视图”

22．在 PowerPoint 2016 中，要删除幻灯片上的某个占位符，可先选此区域，再按（　　）键。

A．【Delete】　　B．【Enter】　　C．【Ctrl】　　D．【Alt】

23．在 PowerPoint 2016 中，增加新幻灯片可单击（　　）→“幻灯片”→“新建幻灯片”命令。

A．“开始”　　B．“编辑”　　C．“格式”　　D．“文件”

24．在当前打开的演示文稿上设计简单的基本动画用（　　）。

A. “幻灯片放映”→“设置”命令　　B. “动画”→“动画”命令
C. “幻灯片放映”→“基本动画”命令　　D. “动画”→“高级动画”命令

25. 在 PowerPoint 2016 中，若希望在文本占位符以外的区域输入文字，可通过单击“插入”→“文本”→（　　）命令插入文字。

A. “图表”　　B. “格式刷”　　C. “文本框”　　D. “剪贴画”

26. 想在已有的文本区中继续输入文字，只要指向文本区并（　　）即可。

A. 双击　　B. 三击　　C. 单击　　D. 四击

27. 在 PowerPoint 2016 中，母版经常用来在幻灯片上（　　）。

A. 添加图标　　B. 更改版式
C. 更改模板样式　　D. 添加公共内容

28. 在编辑演示文稿的状态下放映幻灯片可通过（　　）的操作来实现。

A. 单击“幻灯片视图”按钮　　B. 单击“幻灯片浏览视图”按钮
C. 单击“普通视图”按钮　　D. 单击“幻灯片放映视图”按钮

29. 通过“开始”选项卡的“字体”组，能对幻灯片上的文本进行的操作是（　　）。

A. 只能设置字体
B. 只能设置字体和字形（倾斜、加粗等）
C. 只能设置字体、字形、字号
D. 除能设置字体、字形、字号外，还能设置字体颜色

30. 要想使幻灯片上的图片作为背景，同时防止它盖住任何其他对象，则将鼠标指针指向此图片后右击，在快捷菜单中选择“叠放次序”命令，并在新弹出的快捷菜单中选择（　　）命令。

A. “置于顶层”　　B. “置于底层”　　C. “上移一层”　　D. “下移一层”

31. 在 PowerPoint 2016 中要对幻灯片上文本框内文本或段落进行缩进设置，应在幻灯片的空白处右击，在弹出的快捷菜单中选择（　　）命令。

A. “行距”　　B. “网格和参考线”　　C. “标尺”　　D. “版式”

32. 在 PowerPoint 2016 中，欲对幻灯片上文本框内的文本或段落进行行距和段落间距的设置，应选择（　　）。

A. “开始”→“段落”→“行距”命令
B. “格式”→“段落”→“行距”命令
C. “视图”→“段落”→“行距”命令
D. “工具”→“段落”→“行距”命令

33. 在 PowerPoint 2016 中，竖排文本框的含义是（　　）。

A. 幻灯片上的所有文本框都纵向排列　　B. 幻灯片上的部分文本框纵向排列
C. 文本框的高比宽要大　　D. 文本框内的文字纵向排列

34. （　　）不是 PowerPoint 2016 的母版类型之一。

A. 备注母版　　B. 幻灯片母版　　C. 标题母版　　D. 讲义母版

35. 有关幻灯片放映的正确说法是（　　）。

A. 整个演示文稿只有制作完才能放映

B. 即使整个演示文稿没有制作完，也能放映

C. 只有在 PowerPoint 软件环境下才能放映幻灯片

D. 不管是否制作完都能放映；放映时与是否在 PowerPoint 环境下无关

36. 在 PowerPoint 2016 中，除使用菜单命令外，结束幻灯片的放映还可按（　　）键。

A. 【Esc】　　B. 【Pause】　　C. 【Tab】　　D. 【Home】

37. 在 PowerPoint 2016 中，可以为文本、图形等对象设置动画效果，以突出重点或增加演示文稿的趣味性。设置动画效果可采用（　　）选项卡中的相关命令。

A. “设计”　　B. “动画”　　C. “幻灯片放映”　　D. “视图”

38. PowerPoint 2016 中的“排练计时”功能是指（　　）。

A. 帮助用户在单机环境下学习 PowerPoint 的使用，同时累计学习进度

B. 帮助用户在 Internet 环境下学习 PowerPoint 的使用，同时累计上网时间

C. 帮助用户设计演示文稿中的动画，并控制动画的演示时间

D. 用来设置在自动放映方式下演示文稿中各幻灯片的放映时间

39. 关于标题幻灯片的正确说法是（　　）。

A. 它是指演示文稿中的第一张幻灯片

B. 它在演示文稿中只能有一张

C. 它是演示文稿中的第一张幻灯片，而且只能有这一张

D. 它是用标题幻灯片版式创建的，一个文稿中可有多张

40. 对 PowerPoint 幻灯片的背景设置有多种方法，下列（　　）方法不能设置背景。

A. 背景　　B. 幻灯片版式

C. 主题　　D. 应用设计模板

## 二、判断题

1. PowerPoint 中，系统为演示文稿提供了四种母版：幻灯片母版、标题母版、讲义母版和备注母版。

2. 幻灯片版式中包含了一些称为占位符的虚线框。（　　）

3. 在幻灯片浏览视图中，文稿中所有的幻灯片都会以缩小图的形式，按次序排列在窗口中。（　　）

4. 幻灯片插入到当前打开的演示文稿中。（　　）

5. 在播放演示文稿时，备注内容也能显示出来。（　　）

6. 演示文稿中的内容可以用幻灯片、大纲、讲义、备注等多种形式打印出来。（　　）

7. 要想打开 PowerPoint，只能从“开始”菜单找到，然后单击 Microsoft Office PowerPoint 命令。（　　）

8. 在 PowerPoint 中，用“文本框”工具在幻灯片中添加图片操作时，文本框的大小和位置肯定不会改变。（　　）

9. 在“幻灯片切换”对话框中单击“全部应用”按钮，则所有的幻灯片就应用上所设置的切换效果。（　　）

10．用 PowerPoint 的普通视图，在任一时刻，主窗口内只能查看或编辑一张幻灯片。 （ ）

11．在幻灯片放映过程中，要结束放映，可按【Esc】键。 （ ）

12．在没有安装 PowerPoint 软件的情况下，也可以播放演示文稿。 （ ）

13．在 PowerPoint 的普通视图下，可以同时显示幻灯片、大纲和备注。 （ ）

14．在 PowerPoint 中，将幻灯片的标题文本颜色一律改为红色，只需在幻灯片母版上做一次即可。修改并且以后的幻灯片上的标题文本也为红色。 （ ）

15．在 PowerPoint 中，幻灯片中的声音总是在执行到该幻灯片时自动播放。 （ ）

16．在 PowerPoint 中，幻灯片的页面可设置为 35 mm 幻灯片。 （ ）

17．PowerPoint 幻灯片中的文本、形状、表格、图形和图片等对象都可以作为创建超链接的起点。 （ ）

18．在 PowerPoint 演示文稿中，不可以直接将 Excel 创建的图表插入到幻灯片中。 （ ）

## 2.6 新一代信息技术

### 一、单选题

1．作为一种保密性强、不可篡改、（ ）的技术，区块链很适于承担类似“货币”或“账本”的职能。

A．集中管理 B．高可靠性 C．去中心化 D．确保安全

2．随着技术与应用的不断发展，区块链由最初狭义的“去中心化分布式验证网络”，衍生出了三种特性不同的类型，按照实现方式不同，可以分为公有链、（ ）和私有链。

A．联盟链 B．产业链 C．利益链 D．供应链

3．数字货币是非实物货币，非实物货币是区分于实物货币的一个概念，是指不存在于现实世界、不以（ ）为载体的货币形式。

A．虚拟介质 B．物理介质 C．生化物质 D．固态形式

4．相较于货币化应用，区块链在非货币化应用上的发展相对顺畅，阻力较小，已开发出（ ）、金融服务、物流管理、在线投票等多种不同应用场景。

A．智能服务 B．智能缴费 C．智能家居 D．智能合约

5．数据都具有一定的（ ），如果采集到的数据不能得到及时处理，最终会过期作废，失去应用的价值。

A．时效性 B．规律性 C．隐蔽性 D．优先级

6．大数据应用的最终目的是通过挖掘和分析，发现（ ）或规律，进而指导实际工作。

A．变化 B．趋势 C．结论 D．不足

7．大数据技术的发展趋势，一是技术应用平民化，二是与云计算关系越来越密切，三是（ ）的紧密结合。

A．物联网　　B．互联网　　C．企业网　　D．物流网

8．信息安全等级保护，是对信息和（　　）按照重要性等级分级别进行保护的一种工作。

A．信息大小　　B．信息数量　　C．信息载体　　D．信息渠道

9．信息安全主要包括以下五方面的内容，即需保证信息的保密性、真实性、（　　）、未授权拷贝和所寄生系统的安全性。

A．安全性　　B．完整性　　C．关键性　　D．唯一性

10．随着多部相关法律法规的颁布实施，信息安全已上升为（　　）。

A．国家战略　　B．行业标准　　C．行业规则　　D．地方政策

## 二、判断题

1．从人工智能实现的功能来定义，是指智能机器所执行的通常与人类智能有关的功能，如判断、推理、证明、识别、学习和问题求解等思维活动。这些反映了人工智能学科的基本思想和基本内容，即研究人类智能活动的规律。（　　）

2．机器翻译是计算语言学的一个分支，是利用计算机将一种自然语言转换为机器语言的过程。（　　）

3．根据摩尔（Moore）定律，每十八个月计算机微处理器的速度就增长一倍，其中单位面积（或体积）上集成的元件数目会相应地增加。（　　）

4．量子通信主要基于量子纠缠态的理论，使用量子隐形传态（传输）的方式实现信息传递。（　　）

5．物联网是一个基于互联网、传统电信网等信息承载体，让所有能够被独立寻址的普通物理对象形成互联互通的网络。（　　）

6．物联网技术是支撑国家战略的重要基础，在推动国家产业结构升级和优化过程中发挥重要作用。（　　）

7．“区块链”是一种由多方共同维护，使用密码学保证传输和访问安全，能够实现数据一致存储、难以篡改、防止拷贝的记账技术。（　　）

8．作为一种保密性强、不可篡改、去中心化的技术，区块链很适于承担类似“货币”或“账本”的职能。（　　）

9．联盟链即由数量有限的公司或组织机构组成的联盟内部可以访问的区块链，每个联盟成员内部仍旧采用中心化的形式，而联盟成员之间则以区块链的形式实现数据共验共享，是“部分去中心化”的区块链。（　　）

10．信息系统的安全保护等级分为5级，1～5级等级逐级增高，其中第1级是指：信息系统受到破坏后，会对社会秩序和公共利益造成严重损害，或者对国家安全造成损害。国家信息安全监管部门对该级信息系统安全等级保护工作进行监督、检查。（　　）

## 三、综合题

1．分析新一代信息技术在所学专业对应行业的应用现状。

（1）搜集资料，列举新一代信息技术在所学专业对应行业的典型应用。

（2）根据自己将来可能从事的专业工作，阐述如何应用新一代信息技术提升工作效率和工作质量。

（3）与 2 ～ 3 名同学组成一个小组，分工负责，制作一个演示文稿，介绍新一代信息技术对所学专业对应行业的影响、应用现状、未来发展方向。

2．撰写一份利用云计算服务改进工作的建议书。

假设自己是所学专业对应行业中一家公司的首席信息官（CIO），请撰写一份建议书，向董事会介绍自己将如何利用云计算服务来降低公司运营成本、提高运行效率、改进公司 治理水平、提升产品或服务质量。

3．分析人工智能对所学专业对应行业的影响。

结合所学专业对应行业实际和人工智能发展趋势（不局限于生成式 AI），阐述自己对以下问题的看法：

（1）如何利用人工智能来改进业务工作？

（2）如何结合人工智能技术开发新产品或新服务？

（3）如何避免自己被人工智能所替代？

## 2.7 信息安全技术

### 一、单选题

1．保证网络安全的最主要因素是（　　）。

A．拥有最新的防毒防黑软件　　B．使用高档计算机

C．使用者的计算机安全素养　　D．安装多层防火墙

2．下列关于网络信息安全的一些叙述中，不正确的是（　　）。

A．网络环境下的信息系统比单机系统复杂，信息安全问题比单机更加难以得到保障

B．电子邮件是个人之间的通信手段，有私密性，不使用软盘，一般不会传染计算机病毒

C．防火墙是保障单位内部网络不受外部攻击的有效措施之一

D．网络安全的核心是操作系统的安全性，它涉及信息在存储和处理状态下的保护问题

3．保证网络安全最重要的核心策略之一是（　　）。

A．身份验证和访问控制

B．身份验证和加强教育、提高网络安全防范意识

C．访问控制和加强教育、提高网络安全防范意识

D．以上答案都不对

4．关于防火墙控制的叙述不正确的是（　　）。

A．防火墙是近期发展起来的一种保护计算机网络安全的技术性措施

B．防火墙是一个用以阻止网络中的黑客访问某个机构网络的屏障

C．防火墙主要用于防止病毒

D．防火墙也可称为控制进 / 出两个方向通信的门槛

### 二、判断题

1．网络上任意计算机间都可以交换信息。（　　）

2．在申请电子信箱时，如果想申请成功，也可以不同意网站要求用户承诺的协议书。（　　）

3．允许用户在输入正确的保密信息时才能进入系统，采用的方法是命令。（　　）

## 三、综合题

1. 制订信息安全防护策略。

（1）分析自己日常使用计算机（尤其是网吧、酒店里的公用计算机）、手机的习惯，分析其中存在信息安全风险。

（2）针对自身存在的信息安全风险，制订一套信息安全防护策略，并在今后予以落实。

2. 防范电信网络诈骗。

（1）列举自己知道的典型电信网络诈骗事件，分析犯罪分子诈骗的步骤（套路）和受害人上当受骗的原因。

（2）针对刷单返利、投资理财、网络贷款、冒充客服、冒充公检法、冒充亲友借钱要钱等常见电信网络诈骗形式，分别列出其关键防范措施。

3. 安装和使用杀毒软件。

（1）下载、安装一种口碑较好的杀毒软件或安全防护软件。

（2）了解其主要功能，进行一次全盘杀毒或安全检测。

4．设计制作一份“防范电信网络诈骗”主题班会演示文稿。

（1）与 1 ～ 3 位同学成立一个项目工作小组，确定一位组长。

（2）小组商议、制订出项目实施计划，明确步骤、分工。

（3）按分工、步骤搜集资料。

（4）上网学习演示文稿（PowerPoint 或 WPS）设计、制作基础知识。

（5）合作设计、制作出“防范电信网络诈骗”主题班会演示文稿。

（6）推举一名小组成员配合演示文稿在班上当众进行宣讲。

# 第三部分 考试试题训练

3.1 Windows 10 操作系统及应用

3.2 文字录入与编辑

3.3 文档的格式设置与编排

3.4 文档的版面设置与编排

3.5 电子表格的基本操作

3.6 电子表格的数据处理

3.7 Word 和 Excel 的进阶应用

3.8 演示文稿的基本操作

# 3.1 Windows 10 操作系统及应用

## 3.1.1 知识讲解

### 知识要点

- Windows 10 操作系统的基本操作。
- Windows 10 操作系统的设置与优化。

### 评分细则

| 评分点 | 分值 | 得分条件 | 判分要求 |
|---|---|---|---|
| 启动资源管理器 | 1 | 在 Windows 10 中启动资源管理器 | 无操作失误 |
| 建立考生文件夹 | 1 | 文件夹名称、位置正确 | 必须在指定的驱动器中 |
| 复制文件 | 1 | 正确复制指定的文件 | 复制正确即得分 |
| 重命名文件 | 1 | 正确重命名文件名及扩展名 | 文件名及扩展名须全部正确 |
| 操作系统的设置 | 2 | 按要求对操作系统进行设置 | 操作正确得分 |
| 操作系统的优化 | 2 | 按要求对操作系统进行优化 | 操作正确得分 |

## 3.1.2 试题汇编

### 操作要求

#### 1. 操作系统的基本操作

（1）启动资源管理器：启动“文件资源管理器”。

（2）创建文件夹：在 C 盘根目录下建立考生文件夹，文件夹名为“4000001”。

（3）复制、重命名文件：将“C:\2016KSW\DATA1”文件夹中的 TF1-1.docx、TF3-1.docx、TF4-1.docx、TF5-1.xlsx、TF6-1.xlsx、TF7-1.docx 一次性复制到“C:\4000001”文件夹中，并分别重命名 A1.docx、A3.docx、A4.docx、A5.xlsx、A6.xlsx、A7.docx。

#### 2. 操作系统的设置与优化

（1）在语言栏中添加“微软五笔”输入法。

（2）将“开始”菜单下“Windows 附件”中的“画图”工具固定到“开始”屏幕。

### 试题解答

#### 1. 操作系统的基本操作

第 1 步：执行“开始”→“Windows 系统”→“文件资源管理器”命令，或右击“开始”按钮，在弹出的快捷菜单中执行“文件资源管理器”命令，都可打开“文件资源管理器”窗口。

第 2 步：在“文件资源管理器”左侧窗格中选择“本地磁盘 (C:)”，在右侧窗格的空白位置右击，在弹出的快捷菜单中执行“新建”→“文件夹”命令。

第 3 步：在右侧窗格中出现了一个新建的文件夹，并且该文件夹名处于可编辑状态，输入“4000001”作为该文件夹名称。

第 4 步：在“文件资源管理器”左侧窗格中打开“C:\2016KSW\DATA1”文件夹，同时选中该文件夹内的 TF1-1.docx、TF3-1.docx、TF4-1.docx、TF5-1.xlsx、TF6-1. xlsx 、TF7-1.docx 文件。

第 5 步：单击“主页”选项卡下“剪贴板”组中的“复制”按钮，将选中的素材文件复制到剪贴板中。在“文件资源管理器”左侧文件夹窗口中打开新建的考生文件夹“4000001”，再单击“剪贴板”组中的“粘贴”按钮，则这些素材文件考生文件夹中。

第 6 步：依次在考生文件夹中的相应素材上右击，在弹出的快捷菜单中执行“重命名”令。根据题目要求对复制的每个文件进行重命名，重命名时注意不要改变原素材文件的扩展名。

### 2. 操作系统的设置与优化

第 1 步：执行“开始”→“Windows 系统”→“控制面板”命令，在打开的“控制面板”窗口中，单击“时钟、语言和区域”选项下的“更换输入法”选项。

第 2 步：此时将弹出“语言”设置窗口，在“更改语言首选项”下方的列表中单击“选项”选项。

第 3 步：在打开的“语言选项”对话框中单击“输入法”下方列表中的“添加输入法”选项。

第 4 步：此时将弹出“输入法”对话框，在“添加输入法”列表中选择“微软五笔”选项，单击“添加”按钮，即可完成输入法的添加操作。

第 5 步：找到“开始”→“Windows 附件”→“画图”工具，右击，在打开的下拉菜单中执行“固定到‘开始’屏幕”命令。

# 3.2 文字录入与编辑

## 3.2.1 知识讲解

### 知识要点

- Word 文档的基本操作。
- 文本的输入与编辑

### 评分细则

| 评 分 点 | 分 值 | 得 分 条 件 | 判 分 要 求 |
|---|---|---|---|
| 创建新文件 | 1 | 在指定文件夹中正确创建 A2.docx | 内容不作要求 |
| 文字、字母录入 | 1 | 有汉字和字母 | 正确与否不作要求 |
| 标点符号、特殊 符号的录入 | 1 | 有中文标点符号，有特殊符号 | 须使用插入“符号”技能点 |

续表

| 评分点 | 分值 | 得分条件 | 判分要求 |
|---|---|---|---|
| 录入准确率 | 4 | 准确录入样文中的内容 | 录入错（少、多）均扣1分，最多扣4分 |
| 复制 / 粘贴 | 1 | 正确复制、粘贴指定内容 | 内容、位置均须正确 |
| 查找 / 替换 | 2 | 将指定内容全部更改 | 须使用“查找 / 替换”技能点，有1处未改不给分 |

## 3.2.2 试题汇编

### 操作要求

（1）新建文件：在 Microsoft Word 2016 程序中新建一个文档，以 A2.docx 为文件名保存至考生文件夹。

（2）录入文本与符号：按照【样文 2-1A】，录入文字、字母、标点符号、特殊符号等。

（3）复制 / 粘贴：将 C:\2016KSW\DATA2\TF2-1.docx 中的全部文字复制到考生录入的文档之后。

（4）查找 / 替换：将文档中所有的“微信息”替换为“微信”，结果如【样文 2-1B】。

**【样文 2-1A】**

🖃微信（WeChat）是腾讯公司于 2011 年 1 月 21 日推出的一个为智能终端提供即时通信服务的免费应用程序，由张小龙所带领的腾讯广州研发中心产品团队打造。微信支持跨通信运营商、跨操作系统平台通过网络快速发送免费（需消耗少量网络流量）语音短信、视频、图片和文字，同时，也可以使用通过共享流媒体内容的资料和基于位置的社交插件“摇一摇”、“朋友圈”、“公众平台”、“语音记事本”等服务插件。

**【样文 2-1B】**

🖃微信（WeChat）是腾讯公司于 2011 年 1 月 21 日推出的一个为智能终端提供即时通信服务的免费应用程序，由张小龙所带领的腾讯广州研发中心产品团队打造。微信支持跨通信运营商、跨操作系统平台通过网络快速发送免费（需消耗少量网络流量）语音短信、视频、图片和文字，同时，也可以使用通过共享流媒体内容的资料和基于位置的社交插件“摇一摇”、“朋友圈”、“公众平台”、“语音记事本”等服务插件。

微信提供公众平台、朋友圈、消息推送等功能，用户可以通过“摇一摇”、“搜索号码”、“附近的人”、扫二维码方式添加好友和关注公众平台，同时微信将内容分享给好友以及将用户看到的精彩内容分享到微信朋友圈。

2023 年，腾讯和四川省地震局合作，上线了四川省地震预警平台微信小程序；2024 年，微信地震预警有了升级优化版：支持设置多个关注地、新增地震速报提醒、新增多地报警信息聚合页面。5 月 13 日，据“腾讯”官方公众号，腾讯为 QQ 平台上线地震预警功能，同时还升级了微信平台预警功能及“四川省地震预警平台微信小程序”，实现四川全省 5 级以上地震在震后 5 ～ 15 秒发布地震预警的能力。

# 3.3 文档的格式设置与编排

## 3.3.1 知识讲解

### 知识要点

- 字体格式的设置。
- 段落格式的设置。
- 项目符号和编号的设置。
- 自动拼写和语法检查。

### 评分细则

| 评 分 点 | 分 值 | 得 分 条 件 | 判 分 要 求 |
| --- | --- | --- | --- |
| 设置字体 | 1 | 全部按要求正确设置 | 错 1 处则不得分 |
| 设置字号 | 1 | 全部按要求正确设置 | 错 1 处则不得分 |
| 设置字形 | 1 | 全部按要求正确设置 | 错 1 处则不得分 |
| 设置颜色 | 1 | 全部按要求正确设置 | 错 1 处则不得分 |
| 设置文本效果 | 1 | 全部按要求正确设置 | 错 1 处则不得分 |
| 设置对齐方式 | 1 | 全部按要求正确设置 | 须使用“对齐”技能点，其他方式对齐不得分 |
| 设置段落缩进 | 1 | 正确设置缩进方式和缩进值 | 须使用“缩进”技能点，其他方式缩进不得分 |
| 设置行距 / 段落间距 | 1 | 正确设置间距设置方式和间距数值 | 须使用“行距”或“间距”技能点，其他方式不得分 |
| 拼写检查 | 2 | 改正文本中全部的错误单词 | 须使用“拼写”技能点，有 1 处未改不得分 |
| 设置项目符号或编号 | 1 | 按照样文正确设置项目符号或编号 | 样式、字体和位置须全部正确 |
| 添加拼音格式 | 1 | 按照样文正确添加拼音 | 须使用“拼音指南”技能点，其他方式不得分 |

## 3.3.2 试题汇编

### 第 1 题

#### 操作要求

打开文档 A3.docx，按下列要求设置、编排文档格式。

1. 按照【样文 3-1A】设置【文本 3-1A】

（1）设置字体格式。

① 将文档标题的字体设置为华文琥珀、小初，并为其添加“渐变填充：蓝色，主题色 5；

映像”（第 2 行第 2 列）的文本效果。

② 将正文第 1 段的字体设置为华文楷体、三号、加粗、标准色“浅蓝”。

③ 将正文第 2、3 段的字体设置为微软雅黑、小四，并将文本“细节决定成败，态度掌握未来。”的字体设置为加粗、添加粗线下划线。

④ 将文档最后一行的字体设置为黑体、小四、加粗、标准色“深蓝”。

（2）设置段落格式。

① 将文档的标题行设置为居中对齐，最后一行文本设置为居中对齐。

② 将正文第 1 段设置为首行缩进 2 字符，并设置行距为 1.5 倍行距。

③ 将正文第 2、3 段设置为首行缩进 2 字符、段落间距为段前 0.5 行、行距为固定值 20 磅。

### 2. 按照【样文 3-1B】设置【文本 3-1B】

（1）拼写检查：改正文本 3-1B 中拼写错误的单词。

（2）设置项目符号或编号：按照样文 3-1B 为文档段落添加项目符号。

### 3. 按照【样文 3-1C】设置【文本 3-1C】

按照【样文 3-1C】，为【文本 3-1C】中的文本添加拼音，并设置拼音的对齐方式为居中、偏移量为 3 磅、字体为黑体、字号为 12 磅。

### 【样文 3-1A】

# 细节决定一切

**鲁迅先生曾经说过这样一句话：“失掉了现在，也就没有了未来。”老一辈无产阶级革命家谢觉哉也说过：“最好不是在夕阳西下的时候去幻想什么，而要在旭日初升的时候便投入工作。”每当和朋友们谈起理想时，我们总不免会激动。总以为梦想会在远方等着自己，不去奋斗便可以实现。我现在知道了“宝剑锋从磨砺出，梅花香自苦寒来”的道理。也正是因为这样才能明白，任何成功的取得都不是唾手可得的，而是要付出一定的努力。**

细节决定成败，态度掌握未来。这句话说得多么真实啊！一个微不足道的小事便决定了生命的存在与否，一个微不足道的举动决定了一个人梦想能否实现，一个微不足道的动作便决定了一个人的命运。既然我们不能保证注意到每一个细节，那么就用认真的态度对待每一个公民应尽的责任，服从党和国家的领导，遵守法规。从身边的小事做起，不要让那一点小事而悔恨终生！

其实，我们每一个人都是幸运的，至少我们可以为了自己的梦想而奋斗。既然如此，我们就更应该好好地把握住眼前的机会，不要让它流失。这样说来，作为学生的我们就更应该遵守校规，做一个守纪律的好学生了。作为共青团员的我们就更应该带头发挥模范作用，尽到一个共青团员应尽的责任！让如此幸运的我们继续幸运下去。让我们以负责的态度使自己的梦想变为现实！

请记住少年智则国智，少年强则国强！

【样文 3-1B】

- There are moments in life when you miss someone so much that you just want to pick
- them from your dreams and hug them for real!
- Dream what you want to dream；go where you want to go；be what you want to be, because you have only one life and one chance to do all the things you want to do.
- May you have enough happiness to make you sweet, enough trials to make you strong, enough sorrow to keep your human, enough hope to make you happy?

【样文 3-1C】

rì zhào xiāng lú shēng zǐ yān
日照香炉①生紫烟②，
yáo kàn pù bù guà qián chuān
遥看③瀑布挂④前川。
fēi liú zhí xià sān qiān chǐ
飞流直⑤下三千尺⑥，
yí shì yín hé luò jiǔ tiān
疑⑦是银河⑧落九天⑨。

## 第 2 题

### 操作要求

打开文档 A3.docx，按下列要求设置、编排文档格式。

1. 按照【样文 3-2A】设置【文本 3-2A】

（1）设置字体格式。

① 将文档第一行的字体设置为华文新魏、小四、标准色“绿色”，并为其添加“发光：11 磅；橙色，主题色 2”（第三行第二列）的文本效果。

② 将文档标题行的字体设置为华文行楷、小初，并为其添加“填充：金色，主题色 4；软棱台”（第一行第五列）的文本效果，更改字体颜色为标准色“紫色”。

③ 将正文部分的字体设置为方正姚体、小四，其中第二段字体颜色为标准色“橙色”，并为其添加标准色“浅蓝”的双线下划线。

④ 将最后一行的字体设置为隶书、小四、倾斜、标准色“紫色”。

（2）设置段落格式。

① 将文档的标题设置为居中对齐，第一行和最后一行均设置为右对齐。

② 将正文中第一、二、三段设置为首行缩进 2 字符、行距为固定值 24 磅。

③ 将正文第一段设置段落间距为段前 1 行，第三段落间距设置为段后 1 行。

### 2. 按照【样文 3-2B】设置【文本 3-2B】

① 拼写检查：改正【文本 3-2B】中拼写错误的单词。

② 设置项目符号或编号：按照【样文 3-2B】为文档段落添加项目符号。

### 3. 按照【样文 3-2C】设置【文本 3-2C】

按照【样文 3-2C】，为【文本 3-2C】中的文本添加拼音，并设置拼音的对齐方式为居中、偏移量为 2 磅、字体为华文新魏、字号为 14 磅。

## 第 3 题

### 操作要求

打开文档 A3.docx，按下列要求设置、编排文档格式。

### 1. 按照【样文 3-3A】设置【文本 3-3A】

（1）设置字体格式。

① 将文档标题行的字体设置为华文新魏、一号，并为其添加“填充：蓝色，主题色 5；边框：白色，背景色 1；清晰阴影：蓝色，主题色 5”（第三行第三列）的文本效果。

② 将文档副标题的字体设置为楷体、四号、标准色“紫色”。

③ 将正文诗词部分的字体设置为微软雅黑、小四、倾斜、标准色“蓝色”，并为其添加“紧密映像：接触”（第一行第一列）的文本效果。

④ 将文本“注释译文”的字体设置为华文琥珀、小四、标准色“深蓝”，并为其添加粗波浪线下划线。

（2）设置段落格式。

① 将文档的标题和副标题设置为居中对齐。

② 将正文的诗词部分设置左缩进 10 个字符，段落间距为段前 0.5 行，段后 0.5 行，行距为固定值 24 磅。

③ 将正文最后两段设置为首行缩进 2 个字符，并设置行距为 1.5 倍行距。

### 2. 按照【样文 3-3B】设置【文本 3-3B】

（1）拼写检查：改正【文本 3-3B】中拼写错误的单词。

（2）设置项目符号或编号：按照【样文 3-3B】为文档段落添加项目符号。

### 3. 按照【样文 3-3C】设置【文本 3-3C】

按照【样文 3-3C】，为【文本 3-3C】中的文本添加拼音，并设置拼音的对齐方式为“1-0-1”、偏移量为 4 磅、字体为华文仿宋、字号为 14 磅。

## 第 4 题

### 操作要求

打开文档 A3.docx，按下列要求设置、编排文档格式。

#### 1. 按照【样文 3-4A】设置【文本 3-4A】

（1）设置字体格式。

① 将文档第一行的字体设置为隶书、小三、标准色“深红”，并为其添加“半映像：接触”（第一行第二列）的文本效果。

② 将文档标题的字体设置为黑体、小初，并为其添加“渐变填充：金色，主题色 4；边框：金色，主题色 4”（第二行第三列）和“发光：8 磅；蓝色，主题色 5”（第二行第五列）的文本效果。

③ 将正文部分的字体设置为微软雅黑、小四；将文本“光照：”“淋水：”“风吹：”“温度：”“花谢：”的字体设置为加粗、深绿色（RGB:0,102,0），添加标准色“红色”的粗点式下划线。

④ 将文档最后一行的字体设置为华文行楷、四号、标准色“深蓝”。

（2）设置段落格式。

① 将文档的标题行设置为居中对齐，最后一行设置为右对齐。

② 将文档第一行设置为分散对齐，且左侧缩进 30 字符。

③ 将正文部分设置为首行缩进 2 字符、段落间距为段前 0.5 行、行距为固定值 25 磅。

#### 2. 按照【样文 3-4B】设置【文本 3-4B】

（1）拼写检查：改正【文本 3-4B】中拼写错误的单词。

（2）设置项目符号或编号：按照【样文 3-4B】为文档段落添加项目符号。

#### 3. 按照【样文 3-4C】设置【文本 3-4C】

按照【样文 3-4C】为【文本 3-4C】中的文本添加拼音，并设置拼音的对齐方式为居中、偏移量为 1 磅，字体为华文中宋、字号为 11 磅。

## 第 5 题

### 操作要求

打开文档 A3.docx，按下列要求设置、编排文档格式。

#### 1. 按照【样文 3-5A】设置【文本 3-5A】

（1）设置字体格式。

① 将文档标题行的字体设置为华文琥珀、小一，并为其添加“渐变填充：蓝色，主题色 5；映像”（第二行第二列）的文本效果，更改字体颜色为红绿紫射线渐变填充。

② 将文档副标题的字体设置为隶书、小三、蓝色（RGB:0,0,255），并为其添加“发光：

11 磅；橙色，主题色 2”（第三行第二列）的发光文本效果。

③ 将正文诗词部分的字体设置为方正舒体、小三、标准色“深蓝”，为诗词部分第一行添加着重号，其他诗词为其添加标准色“红色”双下划线。

④ 将正文最后一段的字体设置为华文细黑、小四、深紫色（RGB:102,0,102），并为其添加“偏移：右下”（第一行第一列）的外部阴影文本效果，阴影颜色为标准色“绿色”。

（2）设置段落格式。

① 将文档的标题行和副标题行均设置为居中对齐。

② 将正文的诗词部分设置为左侧缩进 5 个字符、右侧缩进 5 个字符、行距为 2.5 倍行距。

③ 将正文最后一段的首行缩进 2 个字符、段落间距为段前 0.5 行、行距为固定值 24 磅。

### 2. 按照【样文 3-5B】设置【文本 3-5B】

（1）拼写检查：改正【文本 3-5B】中拼写错误的单词。

（2）设置项目符号或编号：按照【样文 3-5B】为文档段落添加项目符号。

### 3. 按照【样文 3-5C】设置【文本 3-5C】

按照【样文 3-5C】为【文本 3-5C】中的文本添加拼音，并设置拼音的对齐方式为右对齐、偏移量为 2 磅，字体为新宋体、字号为 15 磅。

# 3.4 文档的版面设置与编排

## 3.4.1 知识讲解

### 知识要点

- 文档的页面设置。
- 文档的版面设置。
- 特殊版面设置。
- 创建表格。
- 表格的基本操作。
- 表格格式的设置。

### 评分细则

| 评 分 点 | 分 值 | 得 分 条 件 | 判 分 要 求 |
|---|---|---|---|
| 设置页面 | 2 | 正确设置纸张大小，页面边距，数值准确 | 1 处未按要求设置，不给分 |
| 设置页眉页码 | 2 | 设置正确，内容完整 | 页码必须使用“插入页码”技能点，其他方式设置不得分 |
| 设置艺术字 | 2 | 按要求正确设置艺术字 | 艺术字样式、大小和位置与样文相符，精确程度不作严格要求 |

续表

| 评　分　点 | 分　值 | 得 分 条 件 | 判 分 要 求 |
|---|---|---|---|
| 设置分栏、分页格式 | 2 | 栏数和分栏效果正确，<br>在指定位置正确插入分页符 | 有数值要求的须严格掌握 |
| 设置边框 / 底纹 | 2 | 位置、范围、数值正确 | 有颜色要求的须严格掌握 |
| 插入图片、设置图片格式 | 2 | 图片大小、位置、环绕方式或外观样式正确 | 精确程度不作严格要求 |
| 插入脚注（尾注） | 2 | 设置正确，内容完整 | 录入内容可有个别错漏 |
| 创建表格（快速表格） | 1 | 行列数符合要求 | 行高、列宽不作要求 |
| 自动套用表格样式 | 1 | 正确套用表格样式 | 自动套用类型无误 |
| 表格行与列的操作 | 1 | 正确插入（删除）行（列）<br>正确移动行（列）的位置、设置的行高和列宽值正确 | 位置和数目均须正确 |
| 合并或拆分单元格 | 1 | 正确合并或拆分单元格 | 位置和数目均须正确 |
| 设置表格中单元格的格式 | 2 | 正确设置单元格的对齐方式、正确设置单元格中的字体格式、正确设置单元格底纹 | 精确程度不作严格要求 |
| 设置表格的边框线与底纹 | 2 | 边框线的线型、线条粗细、线条颜色、底纹与样文相符 | 所选边框、底纹样式正确 |

## 3.4.2　试题汇编

### 第 1 题

#### 操作要求

打开文档 A4.docx，按下列要求设置、编排文档。

##### 1. 页面设置

设置纸张大小为“信纸”，将页边距设置为上、下各 3 厘米，左、右各 3.7 厘米；按【样文 4-1A】，在文档的页眉处添加页眉文字，页脚处添加页码，并设置相应的格式。

##### 2. 艺术字设置

将标题“美丽的丽江古城”设置为艺术字样式“填充：蓝色，主题色 5；边框：白色，背景色 1；清晰阴影：蓝色，主题色 5”（第三行第三列）；字体为华文琥珀，字号为 48 磅，文字环绕方式为“嵌入型”；为艺术字添加“偏移：右下”（第一行第一列）的外部阴影效果和“槽形：下”（第六行第四列）的弯曲文本转换效果。

##### 3. 文档的版面格式设置

（1）边框和底纹：为正文第一段添加 1.5 磅、标准色“浅绿”、双实线边框，并为其填充浅橙色（RGB:251,212,180）底纹。

（2）分栏设置：将正文第二、三、四段设置为栏宽相等的两栏格式，显示分隔线。

### 4．文档的插入设置

（1）插入图片：在【样文 4-1A】中所示位置插入图片 C:\2016KSW\DATA2\PIC4-1.jpg，设置图片的缩放比例为 30%，环绕方式为“四周型”，并为图片添加“圆形对角，白色”的图片样式。

（2）插入脚注：为正文第一段中的“丽江”两个字插入脚注“丽江市，位于云南省西北部云贵高原与青藏高原的衔接地段。”

### 5．文档表格的基本操作

（1）创建表格：按【样文 4-1B】，在 Word 2016 中打开文件 C：\2016KSW\DATA2\TF4-1A.docx，以 A4-B.docx 为文件名保存至考生文件夹中，在文档开头处创建一个六行五列的表格。

（2）套用表格式：为新创建的表格自动套用“网格表 5 深色 _ 着色 6”表格式，以“网页型 1”为样式基准。

（3）表格行与列的操作：按【样文 4-1B】，在文档的“足球俱乐部 VIP 客户记表”表格中，将“联系方式”行下面的空行删除，将表格中“其他信息”行与“联系方式”一行的位置互换。

（4）单元格的合并与拆分：分别将单元格“基本资料”“联系方式”“其他信息”与其右侧的三个单元格合并为一个单元格。

（5）单元格的格式设置：将表格中第一、四、七行的字体设置为黑体、加粗、居中对齐。

（6）表格的边框与底纹：将表格的外边框线设置为 2.25 磅、蓝色（RGB:0,0,204）的实线，内部网格线设置为 1.5 磅、深绿色（RGB:0,102,0）的双实线。

## 第 2 题

### 操作要求

打开文档 A4.docx，按下列要求设置、编排文档。

### 1．页面设置

自定义纸张大小为宽 20 厘米、高 30 厘米，设置页边距为预定义页边距“中等”；按【样文 4-2A】，为文档添加页眉文字和页码，并设置相应的格式。

### 2．艺术字设置

将标题“神奇的纳米材料”设置为艺术字样式“渐变填充：金色，主题色 4；边框：金色，主题色 4”（第二行第三列）；字体为华文新魏，字号为 45 磅，文字环绕方式为“嵌入型”；为艺术字添加“紧密映像：接触”（第一行第一列）的文本效果。

### 3．文档的版面格式设置

（1）边框和底纹：为正文第四段添加 2.25 磅、标准色“绿色”、虚线边框，并为其填充“深色网格”底纹样式，颜色为标准色“橙色”。

（2）分栏设置：将正文第二段至结尾设置为偏左的两栏格式，不显示分隔线。

### 4. 文档的插入设置

（1）插入图片：在【样文 4-2A】中所示位置插入图片 C:\2016KSW\DATA2\PIC4-2.jpg，设置图片的缩放比例为 40%，环绕方式为“四周型”，并为图片添加“棱台透视”的图片样式。

（2）插入尾注：为正文第一段中的“粒子”两个字插入尾注“粒子：也叫超微颗粒。”

### 5. 文档表格的基本操作

（1）创建表格：按【样文 4-2B】，在 Word 2016 中打开文件 C:\2016KSW\DATA2\TF4-2A. docx，以 A4-2B. docx 为文件名保存至考生文件夹中，在文档的开头处创建一个 5 行 6 列的表格。

（2）套用表格式：为新创建的表格自动套用“网格表 4 - 着色 4”的表格样式，以“精巧型 2”为样式基准。

（3）表格行与列的操作：按【样文 4-2B】，在文档的“果树种植面积统计表（单位：亩）”表格中，将“樱桃树”行下面的空行删除，将表格中“2014 年”一列与“2013 年”一列的位置互换。

（4）单元格的合并与拆分：分别将单元格“2012 年”“2013 年”“2014 年”“2015 年”与其下面的单元格合并为一个单元格。

（5）单元格的格式设置：将整个表格中的字体设置为楷体、加粗，将表格中第二、三、四、五列文本居中对齐。

（6）表格的边框与底纹：将表格的外边框线设置为 3 磅、标准色“绿色”，按【样文 4-2B】线型，内部网格线均设置为 3 磅、标准色“浅蓝”，如【样文 4-2B】线型，将表格中第一行和第一列的底纹设置为粉红色（RGB:255,153,204）。

## 第 3 题

### 操作要求

打开文档 A4.docx，按下列要求设置、编排文档。

### 1. 页面设置

设置纸张的方向为“横向”，设置页边距为预定义页边距“窄”；按样文 4-3，为文档添加页眉文字和页码，并设置相应的格式。

### 2. 艺术字设置

将标题“珍贵的针状焦”设置为艺术字样式填充：白色；边框：橙色，主题色 2”（第三行第四列）；字体为华文彩云，字号为 72 磅，文字环绕方式为“上下型环绕”，对象水平居中对齐；为艺术字添加转换中“曲线：下”和“发光：5 磅；绿色，主题色 6”（第一行第六列）的发光文本效果。

### 3. 文档的版面格式设置

（1）边框和底纹：为正文第一段添加 0.5 磅、标准色“紫色”、三条细实线边框，为其填充浅绿色（RGB:204,255,204）底纹。

（2）分栏设置：将正文第二段至结尾设置为栏宽相等的三栏格式，显示分隔线。

### 4. 文档的插入设置

（1）插入图片：在【样文 4-3A】中所示位置插入图片 C:\2016KSW\DATA2\PIC4-3.jpg，设置图片的缩放比例为 70%，环绕方式为“四周型”，并为图片添加“柔化边缘椭圆”的图片样式。

（2）插入脚注：为正文第一段中的“针状焦”三个字插入脚注“我国针状焦生产技术还没有完全成熟，仍需深入开展相关技术的研究。”

### 5. 文档表格的基本操作

（1）创建表格：按【样文 4-3B】，在 Word 2016 中打开文件 C:\2016KSW\DATA2\TF4-3A.docx，以 A4-3B. docx 为文件名保存至考生文件夹中，在文档的开头处创建一个六行四列的表格。

（2）套用表格式：为新创建的表格自动套用“网格表 1 浅色 - 着色 4”的表格样式，以“竖列型 3”为样式基准。表格行与列的操作：按样文 4-3，在文档的“环球公司职员情况登表”表格中，设置表格第一行的行高为 1 厘米，其余各行均为 0.8 厘米。

（3）表格行与列的操作：按【样文 4-3B】，在文档的“环球公司职员情况登记表”表格中，设置表格第一行的行高为 1 cm，其余各行均为 0.8 cm。

（4）单元格的合并与拆分：将表格中“部门”单元格下面的空白单元格拆分为 1 行 7 列，并依次输入相应的内容。

（5）单元格的格式设置：将表格中第一行的字体设置为华文细黑、四号、加粗，为其填充“渐变填充：蓝色，主题色 5. 映像”（第二行第二列）的文本效果。

（6）表格的边框与底纹：将表格的内外边框线均设置为 1.5 磅、标准色“深蓝”的虚线；并为表格中第一行的底纹设置为浅黄色（RGB:255,255,204），其余均设置为淡紫色（RGB:255,153,255）。

## 第 4 题

### 操作要求

打开文档 A4.docx，按下列要求设置、编排文档。

### 1. 页面设置

自定义纸张大小为宽 20 厘米、高 28 厘米，设置页边距为上、下、左、右均为 2 厘米；按【样文 4-4A】，为文档添加页眉文字和页码，并设置相应的格式。

### 2. 艺术字设置

将标题“版纳三月柚子花开”设置为艺术字样式“填充：橙色主题色 2；边框：橙色，主题色 2”（第一行第三列）；字体为华文新魏，字号为 36 磅，文字环绕方式为“嵌入型”，居中对齐；为艺术字添加转换中“朝鲜鼓”的文本效果，再为其添加“细微效果 - 绿色，强调颜色 6”的形状样式和“预设 7”的形状效果。

3．文档的版面格式设置

（1）边框和底纹：为正文最后一段添加 3 磅、标准色“紫色”、如【样文 4-4A】线型边框，并为其填充图案样式中“深色下斜线”底纹，颜色为标准色“黄色”。

（2）分栏设置：将正文第二、三、四段设置为偏右的两栏格式，显示分隔线。

4．文档的插入设置

（1）插入图片：在【样文 4-4A】中位置插入图片 C:\2016KSW\DATA2\PIC4-4.jpg，设置图片的缩放比例为 45%，环绕方式为“紧密型环绕”，并为图片添加“柔化边缘椭圆”的图片样式。

（2）插入尾注：为正文最后一段中的“柚子花”三个字插入尾注“柚子花芽为混合芽，春季萌发时抽梢后开花。”

5．文档表格的基本操作

（1）创建表格：按【样文 4-4B】，在 Word 2016 中打开文件 C:\2016KSW\DATA2\TF4-4A.docx，以 A4-4B.docx 为文件名保存至考生文件夹中，在文档的开头处创建一个 4 行 7 列的表格。

（2）套用表格式：为新创建的表格自动套用“网格表 4 - 着色 2”的表格样式，以“彩色型 1”为样式基准。

（3）表格行与列的操作：按【样文 4-4A】，在文档的“2016 年成都市区在售楼盘部分情况表”表格中，将“蓝光金荷花”单元格下面的空行删除，设置表格第一列列宽为 3 厘米，第二列列宽为 4 厘米，其他各列均为 2 厘米，表格的行高均为 0.7 厘米。

（4）单元格的合并与拆分：将最后一列的空白单元格拆分为九行一列，并依次输入相应的内容。

（5）单元格的格式设置：将表格中的文本字体均设置为新宋体、五号、水平居中。

（6）表格的边框与底纹：将表格的外边框线均设置为 2.25 磅、标准色“深蓝”的双点划线，内部网格线为无；并为表格中第一、三、五、七、九行的底纹设置为标准色“浅绿”的“浅色下斜线”图案样式，第二、四、六、八行的底纹设置为标准色“橙色”的“浅色上斜线”图案样式。

## 第 5 题

### 操作要求

打开文档 A4.docx，按下列要求设置、编排文档。

1．页面设置

设置纸张大小为“Executive”，设置页边距为预定义页边距“中等”，按【样文 4-5A】，为文档添加页眉文字和页码，并设置相应的格式。

2．艺术字设置

将标题“秋季怎么养多肉植物”设置为艺术字样式“填充：蓝色，主题色 5；边框：白色，背景色 1；清晰阴影：蓝色，主题色 5”（第三行第三列）；字体为华文琥珀，字号为 36 磅，字体颜色为标准色“绿色”，文字环绕方式为“嵌入型”，居中对齐；为艺术字添加转换中“停止”和棱台中“柔圆”的文本效果。

#### 3. 文档的版面格式设置

（1）边框和底纹：为正文最后一段添加 3 磅、标准色“深蓝”、如【样文 4-5A】线型边框，并为其填充图案样式中“浅色棚架”底纹，颜色为粉红色（RGB:255,153,204）。

（2）分栏设置：将正文第 2 ~ 9 段设置为栏宽相等的三栏格式，不显示分隔线。

#### 4. 文档的插入设置

（1）插入图片：在【样文 4-5A】中位置插入图片 C:\2016KSW\DATA2\PIC4-5.jpg，设置图片的缩放比例为 70%，环绕方式为“四周型”，并为图片添加“棱台矩形”的图片样式。

（2）插入脚注：为正文第一段中的“多肉植物”四个字添加着重号并插入脚注“多肉植物又称肉质植物或多肉花卉，但以多肉植物这个名称最为常用。”

#### 5. 文档表格的基本操作

（1）快速表格：按【样文 4-5B】，在 Word 2016 中打开文件 C:\2016KSW\DATA2\TF4-5A.docx，以 A4-5B．docx 为文件名保存至考生文件夹中，在文档的开头处插入一个“矩阵”的快速表格。

（2）套用表格式：为新创建的表格自动套用“清单表 4 - 着色 6”的表格样式，以“彩色型 1”为样式基准。

（3）表格行与列的操作：按【样文 4-5B】，在文档的“公司工序废品率统计”表格中，将“冲压车间”行下方的空行删除，将表格中除表头行以外的所有平均分配高度。

（4）单元格的合并与拆分：将表格中“实际发生值”单元格与其右侧的单元格合并为一个单元格。

（5）单元格的格式设置：将表格中表头行各单元格对齐方式设置为“水平居中”，其他行单元格对齐方式设置为“中部两端对齐”。

（6）表格的边框与底纹：将表格的外边框线设置为 2.25 磅、标准色“深红”的双点划线，内部网格线设置为 1.5 磅、标准色“深蓝”的实线，将表格中所有带文本的单元格的底纹设置为标准色“浅绿”，所有空白单元格的底纹设置为标准色“橙色。

# 3.5 电子表格的基本操作

## 3.5.1 知识讲解

### 知识要点

- 工作表的基本操作。
- 工作表的格式设置。
- 图表的简单操作。

• 工作表的打印设置。

## 评分细则

| 评 分 点 | 分 值 | 得 分 条 件 | 判 分 要 求 |
|---|---|---|---|
| 设置工作表行、列 | 2 | 正确插入、删除、移动行（列），正确设置行高列宽 | 录入内容可有个别错漏 |
| 重命名、复制、删除、移动工作表 | 2 | 按要求正确进行操作 | 每错 1 处扣 1 分，直至扣完为止 |
| 设置工作表标签颜色 | 1 | 正确设置工作表标签颜色 | 颜色错误不得分 |
| 设置单元格格式 | 2 | 正确设置单元格格式 | 必须全部符合要求，有 1 处错漏不得分 |
| 设置表格边框和底纹 | 2 | 正确设置表格边框线和底纹 | 与样文相符，不做严格要求 |
| 插入批注 | 1 | 批注准确、完整 | 录入内容可有个别错漏 |
| 插入公式、SmartArt 图或图片 | 2 | 符号、字母准确、完整<br>SmartArt 图形或图片的大小、位置、外观样式正确 | 大小、间距和级次不要求，精确程度不作严格要求 |
| 建立图表 | 2 | 引用数据、图表样式正确 | 图表细节不作严格要求 |
| 打印设置 | 2 | 插入分页符的位置正确，设置的打印标题区域正确 | 可在打印预览中判别 |

# 3.5.2　试题汇编

## 第 1 题

### 操作要求

在 Excel 2016 中打开文件 A5.xlsx，并按下列要求进行操作。

#### 1. 设置工作表及表格

（1）工作表的基本操作。

① 将 Sheet1 工作表中的所有内容复制到 Sheet2 工作表中，并将 Sheet2 工作表重命名为“销量统计表”，将此工作表标签的颜色设置为标准色“橙色”。

② 将第六行移至标题行的下方，将“E”列（空列）删除；设置标题行的行高为 30，整个表格的列宽均为 12。

（2）单元格格式的设置。

① 在“销量统计表”工作表中，将单元格区域 B2:G2 合并后居中，设置字体为华文琥珀、24 磅、水绿色（RGB:0,255,255），并为其填充标准色“蓝色”底纹。

② 将单元格区域 B3:G3 的字体设置为华文细黑、13 磅、加粗、标准色“蓝色”，并为其填充白黄双色水平渐变的底纹样式。

③ 将单元格区域 B4:G11 的底纹设置为淡紫色（RGB:255,200,255）。设置整个表格中文本的对齐方式均为水平居中、垂直居中。

④ 设置单元格区域 D4:G11 中的数据为货币类型，小数位数为 0。

⑤ 将单元格区域 B3:G11 的外边框设置为标准色“蓝色”的粗实线，内部框线设置为标准色“蓝色”的细实线。

（3）表格的插入设置。

① 在“销量统计表”工作表中，为 D8 单元格插入批注“销售额最高”。

② 在“销量统计表”工作表中表格的下方建立如下公式，形状样式为“强烈效果 - 橄榄色，强调颜色 3”，并为其添加形状效果中“半映像，4pt 偏移量”的映像。

$$f(x)=\begin{cases}-x & x<0\\ x & x\geqslant 0\end{cases}$$

### 2. 建立图表

（1）使用“销量统计表”工作表中的相关数据在 Sheet3 工作表中创建一个箱形图。

（2）按【样文 5-1】为图表应用快速布局 5 的样式，并为其添加图表标题。

### 3. 工作表的打印设置

（1）在“销量统计表”工作表第八行的上方插入分页符。

（2）设置表格打印区域为单元格区域 B2:G11，顶端标题行为第二行和第三行，设置完成后进行打印预览。

## 第 2 题

## 操作要求

在 Excel 2016 中打开文件 A5.xlsx，并按下列要求进行操作，结果如样文 5-2。

### 1. 设置工作表及表格

（1）工作表的基本操作。

① 将 Sheet1 工作表中的所有内容复制到 Sheet2 工作表中，并将 Sheet2 工作表重命名为“新进树木统计表”，将此工作表标签的颜色设置为标准色“绿色”。

② 在“新进树木统计表”工作表中标题行的下方插入一空行，并设置行高为 12；将 F 列和 G 列位置互换；自动调整表格除标题行以外单元格的列宽。

（2）单元格格式的设置。

① 在“新进树木统计表”工作表中，将单元格区域 B2:G3 合并后居中，设置字体为华文新魏、24 磅、标准色“深蓝”，并为其填充标准色“黄色”和标准色“浅绿”的中心辐射渐变的底纹样式。

② 将单元格区域 B4:G4 的字体设置为华文彩云、12 磅、加粗、标准色“深红”，并为其填充图案样式中“对角线剖面线”底纹，颜色为标准色“浅蓝”。

③ 将单元格区域 B5:G14 的字体设置为华文细黑、11 磅、标准色“紫色”，并为其填充淡橙色（RGB:255,204,102）底纹。

④ 设置整个表格中文本的对齐方式均为水平居中、垂直居中。

⑤ 为单元格区域 B2:G3 添加标准色“深蓝”、粗斜点划线外边框，为其他单元格添加深绿色（RGB:0,51,0）、粗双点划线边框线。

（3）表格的插入设置。

① 在“新进树木统计表”工作表中，为 E5 单元格插入批注“银杏单价最贵”。

② 在“新进树木统计表”工作表中表格的下方插入公式的 SmartArt 图形，颜色为“彩色范围 - 个性色 5 至 6”，并为其添加“卡通”的三维效果。

### 2．建立图表

（1）使用“新进树木统计表”工作表中的相关数据在 Sheet3 工作表中创建一个旭日图。

（2）按【样文 5-2】为图表应用快速布局 4 的样式，图例靠右显示，并为其添加图表标题。

### 3．工作表的打印设置

（1）在“新进树木统计表”工作表第 12 行的下方插入分页符。

（2）设置表格打印区域为单元格区域 B2:G22，顶端标题行为第二行和第三行，设置完成后进行打印预览。

## 第 3 题

### 操作要求

在 Excel 2016 中打开文件 A5.xlsx，并按下列要求进行操作。

### 1．设置工作表及表格

（1）工作表的基本操作。

① 将 Sheet1 工作表中的所有内容复制到 Sheet2 工作表中，并将 Sheet2 工作表重命名为“学生成绩表”，将此工作表标签的颜色设置为蓝色（RGB:0,0,204）。

② 在“XH1009”所在行的上方插入一行，并输入样文中的内容；将“G”列（空列）删除；设置标题行的行高为 30，整个表格的列宽均为 9。

（2）单元格格式的设置。

① 在“学生成绩表”工作表中，将单元格区域 B2:12 合并后居中，设置字体为方正姚体、20 磅、加粗、深绿色（RGB:0,102,0），并为其填充淡紫色（RGB:255,153,255）和标准色“黄色”的水平渐变的底纹样式。

② 将单元格区域 B3:I3 的字体设置为微软雅黑、14 磅，居中对齐，并为其填充浅绿色（RGB:102,255,102）底纹。

③ 将单元格区域 B4:I15 的字体设置为华文宋体，居中对齐，并为其填充浅黄色（RGB:255,255,153）底纹。

④ 将单元格区域 B3:I15 的上下边框设置为标准色“深红”的粗实线，内部框线设置为标准色“紫色”的粗虚线。

（3）表格的插入设置。

① 在“学生成绩表”工作表中，为 C10 单元格插入批注“总成绩最高”。

② 在“学生成绩表”工作表中表格的下方插入图片 C:\2016KSWDATA2\PIC5-3.jpg，设置图片的缩放比例为 25%，并为其应用“金属椭圆”的图片样式。

### 2. 建立图表

（1）使用“学生成绩表”工作表中的相关数据在 Sheet3 工作表中创建一个雷达图。

（2）按【样文 5-3】为图表应用快速布局 1 的样式，并为其添加图表标题。

### 3. 工作表的打印设置

（1）在“学生成绩表”工作表第 10 行的上方插入分页符。

（2）设置表格打印区域为单元格区域 B2:I35，顶端标题行为第二行，设置完成后进行打印预览。

## 第 4 题

### 操作要求

在 Excel 2016 中打开文件 A5.xlsx，并按下列要求进行操作。

### 1. 设置工作表及表格

（1）工作表的基本操作。

① 将 Sheet1 工作表中的所有内容复制到 Sheet2 工作表中，并将 Sheet2 工作表重命名为“用电情况表”，将此工作表标签的颜色设置为标准色中的“紫色”。

② 将“上次示值”一列移至“本次示值”一列的右侧；删除第九行（空行）；设置标题行的行高为 32，第二行的行高为 18，整个表格的列宽均为 10。

（2）单元格格式的设置。

① 在“用电情况表”工作表中，将单元格区域 A1:I1 合并后居中，字体设置为微软雅黑、22 磅、加粗、标准色“紫色”，并为标题行填充水绿色（RGB:0,255,255）底纹。

② 将单元格区域 A2:I2 的字体设置为幼圆、12 磅、标准色“黄色”，文本对齐方式为居中，为其填充粉红色（RGB:153,51,102）底纹。

③ 将单元格区域 A3:I14 的字体设置为方正姚体、13 磅，文本对齐方式为居中，为其填充浅橙色（RGB:255,204,153）底纹，并将其内部框线设置为标准色“绿色”的细虚线。

④ 将整个表格的外边框设置为蓝色（RGB:0,0,255）的粗点划线。

⑤ 设置单元格区域 H3:I14 中的数据为货币类型，小数位数为 2。

（3）表格的插入设置。

① 在“用电情况表”工作表中，为 B11 单元格插入批注“用电量最节约”。

② 在“用电情况表”工作表中表格的下方插入图片 C:\2016KSW\DATA2\PIC5-4.jpg，设置图片的缩放比例为 200%，并为其应用“剪去对角，白色”的图片样式。

### 2. 建立图表

（1）使用“用电情况表”工作表中的相关数据在 Sheet3 工作表中创建一个簇状柱形图。

（2）按【样文 5-4】为图表应用“样式 3”的图表样式，并为其添加图表标题。

### 3. 工作表的打印设置

（1）在“用电情况表”工作表第 10 行的上方插入分页符。

（2）设置表格的标题行为顶端打印标题，打印区域为单元格区域 A1:I28，设置完成后进行打印预览。

## 第 5 题

### 操作要求

在 Excel 2016 中打开文件 A5.xlsx，并按下列要求进行操作。

### 1. 设置工作表及表格

（1）工作表的基本操作。

① 将 Sheet1 工作表中的所有内容复制到 Sheet2 工作表中，并将 Sheet2 工作表重命名为“车辆费用统计表”，将此工作表标签的颜色设置为标准色“红色”。

② 在“车辆费用统计表”工作表中，将“6 月 8 日”一行移至“6 月 15 日”一行的上方，将“E”列（空列）删除；设置标题行的行高为 35、第二行的行高为 25，整个表格的列宽均为 11。

（2）单元格格式的设置。

① 在“车辆费用统计表”工作表中，将单元格区域 A1:G1 合并后居中，设置字体为华文中宋、26 磅、蓝色（RGB:0,0,204），并为其填充标准色“橙色”底纹。

② 将单元格区域 A2:A11 的字体设置为华文细黑、12 磅、加粗、梅红色（RGB:102,0,51），并为其填充标准色“黄色”的底纹。

③ 将单元格区域 B2:G11 的字体设置为华文行楷、12 磅，并为其填充淡紫色（RGB:255,204,255）底纹，再为其填充图案样式中“6.25% 灰色”底纹，颜色为标准色“紫色”。

④ 设置整个表格中文本的对齐方式均为水平居中、垂直居中。

⑤ 将单元格区域 A1:G11 的外边框设置为深绿色（RGB:0,51,0）的粗实线，内部框线设置为标准色“绿色”的细实线。

（3）表格的插入设置。

① 在“车辆费用统计表”工作表中，为 C6 单元格插入批注“今日车辆状态良好”。

② 在“车辆费用统计表”工作表中表格的下方建立如下公式，形状样式为“彩色填充 - 水绿色，强调颜色 5”，并为其添加“艺术装饰”的棱台形状效果。

$$\frac{-b\pm\sqrt{b^2-4ac}}{2a}$$

### 2. 建立图表

（1）使用“车辆费用统计表”工作表中的相关数据在 Sheet3 工作表中创建一个三维簇状

柱形图。

（2）按【样文 5-5】为图表应用“样式 11”的图表样式，并为其添加图表标题。

### 3. 工作表的打印设置

（1）在“车辆费用统计表”工作表第七行的上方插入分页符。

（2）设置表格的标题行为顶端打印标题，打印区域为单元格区域 A1:G15，设置完成后进行打印预览。

# 3.6 电子表格的数据处理

## 3.6.1 知识讲解

### 知识要点

- 数据处理与公式应用。
- 数据基本分析。
- 数据的透视分析。

### 评分细则

| 评 分 点 | 分 值 | 得 分 条 件 | 判 分 要 求 |
|---|---|---|---|
| 数据的查找、替换 | 1 | 将指定内容全部更改 | 须使用“查找 / 替换”技能点，有 1 处未改不给分 |
| 公式（函数）应用 | 2 | 公式或函数使用正确 | 以“编辑栏”中的显示判定 |
| 数据排序 | 2 | 使用数据完整，排序结果正确 | 须使用“排序”技能点 |
| 应用条件格式 | 1 | 正确应用条件格式 | 须使用“条件格式”技能点 |
| 数据筛选 | 2 | 使用数据完整，筛选结果正确 | 须使用“筛选”技能点 |
| 数据合并计算 | 3 | 使用数据完整，计算结果正确 | 须使用“合并计算”技能点 |
| 数据分类汇总 | 2 | 使用数据完整，汇总结果正确 | 须使用“分类汇总”技能点 |
| 建立数据透视表 | 3 | 使用数据完整，选择字段正确 | 须使用“数据透视表”技能点 |

## 3.6.2 试题汇编

### 第 1 题

### 操作要求

打开文档 A6.xlsx，按下列要求操作。

#### 1. 数据的查找与替换

按【样文 6-1A】，在 Sheet1 工作表中查找出所有的数值“8100”，并将其全部替换为“8200”。

### 2. 公式、函数的应用

按【样文 6-1A】，使用 Sheet1 工作表中的数据，应用函数公式计算出“总计”和“平均值”，将结果填写在相应的单元格中。

### 3. 基本数据分析

（1）数据排序及条件格式的应用：按【样文 6-1B】，使用 Sheet2 工作表中的数据，以“第一季度”为主要关键字、“第四季度”为次要关键字进行降序排序，并对相关数据应用“浅蓝色数据条”渐变填充的条件格式，实现数据的可视化效果。

（2）数据筛选：按【样文 6-1C】，使用 Sheet3 工作表中的数据，筛选出“电子类”和“塑料类”中，各季度销售额均大于或等于“6000”的记录。

（3）合并计算：按【样文 6-1D】，使用 Sheet4 工作表中“第一代理公司全年销售额”“第二代理公司全年销售额”和“第三代理公司全年销售额”表格中的数据，在“全公司全年销售额”的表格中进行求“平均值”的合并计算操作。

（4）分类汇总：按【样文 6-1E】，使用 Sheet5 工作表中的数据，以“类别”为分类字段，对“第一季度”“第二季度”“第三季度”“第四季度”的销售额进行“求和”的分类汇总。

### 4. 数据的透视分析

按【样文 6-1F】，使用“数据源”工作表中的数据，以“产品型号”为报表筛选项，以“类别”为行标签，以“代理公司”为列标签，为“销售额”显示“最小值”的汇总方式，从 Sheet6 工作表的 A1 单元格起建立数据透视表。

## 第 2 题

### 操作要求

打开文档 A6.xlsx，按下列要求操作。

### 1. 数据的查找与替换

按【样文 6-2A】，在 Sheet1 工作表中查找出所有的数值“100”，并将其全部替换为“120”。

### 2. 公式、函数的应用

按【样文 6-2A】，使用 Sheet1 工作表中的数据，应用函数公式计算出“总额（元）”，将结果填写在相应的单元格中。

### 3. 基本数据分析

（1）数据排序及条件格式的应用：按【样文 6-2B】，使用 Sheet2 工作表中的数据，以“类别”为主要关键字、“数量”为次要关键字进行升序排序，并对相关数据应用“红 - 黄 - 绿色阶”的条件格式，实现数据的可视化效果。

（2）数据筛选：按【样文 6-2C】，使用 Sheet3 工作表中的数据，筛选出“数量”大于“100”的记录。

（3）合并计算：按【样文 6-2D】，使用 Sheet4 工作表中“大众超市商品进货清单”“盛达超市商品进货清单”和“鑫丰超市商品进货清单”表格中的数据，在“超市商品进货清单”的表格中进行“求和”的合并计算操作。

（4）分类汇总：按【样文 6-2E】，使用 Sheet5 工作表中的数据，以“类别”为分类字段，对“单价(元)”与“数量”进行求“最大值”的分类汇总。

### 4. 数据的透视分析

按【样文 6-2F】，使用“数据源”工作表中的数据，以“商品名称”为报表筛选项，以“类别”为行标签，以“超市名称”为列标签，为“数量”显示“求和”的汇总方式，从 Sheet6 工作表的 B3 单元格起建立数据透视表。

## 第 3 题

### 操作要求

打开文档 A6.xlsx，按下列要求操作。

### 1. 数据的查找与替换

按【样文 6-3A】，在 Sheet1 工作表中查找出所有的数值“200”，并将其全替换为“210”。

### 2. 公式、函数的应用

按【样文 6-3A】，使用 Sheet1 工作表中的数据，应用函数公式计算出“实发工资”，将结果填写在相应的单元格中。

### 3. 基本数据分析

（1）数据排序及条件格式的应用：按【样文 6-3B】，使用 Sheet2 工作表中的数据，以“职称”为主要关键字、“基本工资”为次要关键字进行升序排序，并对文本中包含“3”的数据应用“黄填充色深黄色文本”的条件格式，实现数据的可视化效果。

（2）数据筛选：按【样文 6-3C】，使用 Sheet3 工作表中的数据，筛选出“年龄”小于“40”并且“基本工资”大于“4000”的记录。

（3）合并计算：按【样文 6-3D】，使用 Sheet4 工作表中“四月份职员工资表”“五月份职员工资表”和“六月份职员工资表”表格中的数据，在“职员第二季度平均工资表”的表格中进行求“平均值”的合并计算操作，保留两位小数。

（4）分类汇总：按【样文 6-3E】，使用 Sheet5 工作表中的数据，以“部门”为分类字段，对“基本工资”“津贴”“奖金”“扣款”进行求“最小值”的分类汇总。

### 4. 数据的透视分析

按【样文 6-3F】，使用“数据源”工作表中的数据，以“姓名”为报表筛选项，以“部门”为行标签，以“职称”为列标签，为“基本工资”显示“平均值”的汇总方式，从 Sheet6 工作表的 D10 单元格起建立数据透视表。

## 第 4 题

### 操作要求

打开文档 A6.xlsx，按下列要求操作。

#### 1. 数据的查找与替换

按【样文 6-4A】，在 Sheet1 工作表中查找出所有的数值“2750”，并将其全替换为“2500”。

#### 2. 公式、函数的应用

按【样文 6-4A】，使用 Sheet1 工作表中的数据，应用函数公式计算出“最大工龄”和“平均工资”，将结果填写在相应的单元格中。

#### 3. 基本数据分析

（1）数据排序及条件格式的应用：按【样文 6-4B】，使用 Sheet2 工作表中的数据，以“部门”为主要关键字、“工资”为次要关键字进行升序排序，并对“工资”高于平均值的数据应用“浅红填充色深红色文本”的条件格式，实现数据的可视化效果。

（2）数据筛选：按【样文 6-4C】，使用 Sheet3 工作表中的数据，筛选出“性别”为“女”且“工龄”为“2”的记录。

（3）合并计算：按【样文 6-4D】，使用 Sheet4 工作表中“旭阳公司职员登记表”表格中的数据，在“旭阳公司各部门最高工资表”的表格中进行求“最大值”的合并计算操作。

（4）分类汇总：按【样文 6-4E】，使用 Sheet5 工作表中的数据，以“部门”为分类字段，对“工资”进行“平均值”的分类汇总。

#### 4. 数据的透视分析

按【样文 6-4F】，使用“数据源”工作表中的数据，以“姓名”为报表筛选项，以“籍贯”为行标签，以“部门”为列标签，为“工资”显示“最小值”的汇总方式，从 Sheet6 工作表的 A1 单元格起建立数据透视表。

## 第 5 题

### 操作要求

打开文档 A6.xlsx，按下列要求操作。

#### 1. 数据的查找与替换

按【样文 6-5A】，在 Sheet1 工作表中查找出所有的数值“60”，并将其全部替换为“68”。

#### 2. 公式、函数的应用

按【样文 6-5A】，使用 Sheet1 工作表中的数据，应用函数公式计算出“总额”和“最小值”，将结果填写在相应的单元格中。

### 3. 基本数据分析

（1）数据排序及条件格式的应用：按【样文 6-5B】，使用 Sheet2 工作表中的数据，以“第四季度”为主要关键字、“第二季度”为次要关键字进行升序排序，并对相关数据应用“三色旗”图标集的条件格式，实现数据的可视化效果。

（2）数据筛选：按【样文 6-5C】，使用 Sheet3 工作表中的数据，筛选出各季度均大于“20”的记录。

（3）合并计算：按【样文 6-5D】，使用 Sheet4 工作表中“水果总店销售情况表”“水果一分店销售情况表”和“水果二分店销售情况表”表格中的数据，在“水果店销售情况总表”的表格中进行“求和”的合并计算操作。

（4）分类汇总：按【样文 6-5E】，使用 Sheet5 工作表中的数据，以“店面”为分类字段，对“第一季度”和“第二季度”进行求“最大值”的分类汇总。

### 4. 数据的透视分析

按【样文 6-5F】，使用“数据源”工作表中的数据，以“销售员”为报表筛选项，以“店面”为行标签，以“名称”为列标签，为“第一季度”“第二季度”“第三季度”“第四季度”显示“求和”的汇总方式，从 Sheet6 工作表的 B8 单元格起建立数据透视表。

# 3.7 Word 和 Excel 的进阶应用

## 3.7.1 知识讲解

### 知识要点

- 选择性粘贴操作。
- 文本和表格的相互转换。
- 文本中插入图表。
- 宏的应用。
- 邮件合并操作。

### 评分细则

| 评分点 | 分值 | 得分条件 | 判分要求 |
|---|---|---|---|
| 选择性粘贴 | 1 | 粘贴文档方式正确 | 须使用“选择性粘贴”技能点，其他方式粘贴不得分 |
| 文字转换成表格<br>表格转换成文字 | 1 | 行 / 列数、套用表格格式正确，表格转换完整、正确 | 须使用“将表格转换成文本”技能点，其他方式形成的表格不得分，<br>须使用“将文本转换成表格”技能点，其他方式形成的文本不得分 |
| 文本中插入图表 | 2 | 引用数据、图表样式正确 | 图表细节不作严格要求 |

续表

| 评　分　点 | 分　值 | 得 分 条 件 | 判 分 要 求 |
|---|---|---|---|
| 录制宏 | 2 | 宏名、功能、快捷键正确，使用顺利 | 与要求不符不得分 |
| 邮件合并 | 2 | 主控文档建立正确，数据源使用完整、准确，合并后文档与操作要求一致 | 须使用“邮件合并”技能点，其他方式形成的合并文档不得分 |

## 3.7.2　试题汇编

### 第 1 题

#### 操作要求

打开 A7.docx，按下列要求操作。

**1．选择性粘贴**

在 Excel 2016 中打开文件 C:\2016KSW\DATA2\TF7-1A．xlsx，将工作表中的表格以“Microsoft Excel 工作表对象”的形式粘贴至 A7.docx 文档中标题“人体每天氨基酸需要量统计表 ( 毫克 / 千克体重 )”的下方，结果如【样文 7-1A】。

**2．文本与表格间的相互转换**

按【样文 7-1B】，将“超市第一季度蔬菜销售统计表”下的表格转换成文本，文字分隔符为制表符，文本对齐方式为居中。

**3．文本中插入图表**

按【样文 7-1C】，在文档结尾处插入一个簇状柱形图，图表数据为 TF7-1A.xlsx 中的相关数据，设置仅显示“坐标轴、数据表、图例”三个图表元素。

**4．录制新宏**

（1）在 Excel 2016 中新建一个文件，在该文件中创建一个名为 A7A 的宏，将宏保存在当前工作簿中，用【Ctrl+Shift+F】作为快捷键，功能为将选定单元格填充标准色“浅蓝”的底纹。

（2）完成以上操作后，将该文件以“Excel 启用宏的工作簿”类型保存至考生文件夹中，文件名为 A7-A.xlsm。

**5．邮件合并**

（1）在 Word 2016 中打开文件 C:\2016KSW\DATA2\TF7-1B．docx，以 A7-B.docx 为文件名保存至考生文件夹中。

（2）选择“信函”文档类型，使用当前文档，使用文件 C:\2016KSW\DATA2\TF7-1C.xlsx 中的数据作为收件人信息，进行邮件合并，结果如【样文 7-1D】。

（3）将邮件合并的结果以 A7-C.docx 为文件名保存至考生文件夹中。

## 第 2 题

### 操作要求

打开 A7.docx，按下列要求操作。

#### 1. 选择性粘贴

在 Excel 2016 中打开文件 C:\2016KSW\DATA2\TF7-2A.xlsx，将工作表中的表格以“Microsoft Excel 工作表对象”的形式粘贴至 A7.docx 文档中标题“鑫银日化产品价目表”的下方，结果如【样文 7-2A】。

#### 2. 文本与表格间的相互转换

按【样文 7-2B】，将“环球公司职员情况登记表”下的表格转换成文本，文字分隔符为制表符，文本对齐方式为居中。

#### 3. 文本中插入图表

按【样文 7-2C】，在文档结尾处插入一个三维簇状条形图，图表数据为 TF7-2A. xlsx 中的相关数据，为其应用“样式 7”的图表样式，并添加图表标题。

#### 4. 录制新宏

（1）在 Word 2016 中新建一个文件，在该文件中创建一个名为 A7A 的宏，将宏保存在当前文档中，用【Ctrl+Shift+A】作为快捷键，功能为插入一个 4 列 3 行的表格。

（2）完成以上操作后，将该文件以“启用宏的 Word 文档”类型保存至考生文件夹中，文件名为 A7-A.docm。

#### 5. 邮件合并

（1）在 Word 2016 中打开文件 C:\2016KSW\DATA2\TF7-2B.docx，以 A7-B.docx 为文件名保存至考生文件夹中。

（2）选择“信函”文档类型，使用当前文档，使用文件 C:\2016KSW\DATA2\TF7-2C.xlsx 中的数据作为收件人信息，进行邮件合并，结果如【样文 7-2D】。

（3）将邮件合并的结果以 A7-C.docx 为文件名保存至考生文件夹中。

## 第 3 题

### 操作要求

打开 A7.docx，按下列要求操作。

#### 1. 选择性粘贴

在 Excel 2016 中打开文件 C:\2016KSW\DATA2\TF7-3A.xlsx，将工作表中的表格以“Microsoft Excel 工作表对象”的形式粘贴至 A7.docx 文档中标题“天宇公司职员登记表”的下方，结果如【样文 7-3A】。

### 2. 文本与表格间的相互转换

按【样文 7-3B】，将“正阳一中课程表”下的文本转换成 5 列 8 行的表格形式，固定列宽为 2 厘米，文字分隔符为制表符；为表格自动套用“网格表 4- 着色 4”的表格样式，表格对齐方式为居中。

### 3. 文本中插入图表

按【样文 7-3C】，在文档结尾处插入一个饼图，图表数据为 TF7-3A. xlsx 中的相关数据，为其应用“布局 4”的图表布局。

### 4. 录制新宏

（1）在 Excel 2016 中新建一个文件，在该文件中创建一个名为 A7A 的宏，将宏保存在当前工作簿中，用【Ctrl+Shift+A】作为快捷键，功能为将选定单元格的字体设置为华文细黑、24 磅、标准色“蓝色”。

（2）完成以上操作后，将该文件以“Excel 启用宏的工作簿”类型保存至考生文件夹中，文件名为 A7-A.xlsm。

### 5. 邮件合并

（1）在 Word 2016 中打开文件 C:\2016KSW\DATA2\TF7-3B.docx，以 A7-B.docx 为文件名保存至考生文件夹中。

（2）选择“信函”文档类型，使用当前文档，使用文件 C:\2016KSWDATA2\TF7-3C.xlsx 中的数据作为收件人信息，进行邮件合并，结果如【样文 7-3D】。

（3）将邮件合并的结果以 A7-C.docx 为文件名保存至考生文件夹中。

## 第 4 题

## 操作要求

打开 A7.docx，按下列要求操作。

### 1. 选择性粘贴

在 Excel 2016 中打开文件 C:\2016KSWDATA2\TF7-4A.xlsx，将工作表中的表格以“Microsoft Excel 工作表对象”的形式粘贴至 A7.docx 文档中标题“员工薪资管理表”的下方，结果如【样文 7-4A】。

### 2. 文本与表格间的相互转换

按【样文 7-4B】，将“太原市常用花卉统计”下的表格转换成文本，文字分隔符为制表符。

### 3. 文本中插入图表

按【样文 7-4C】，在文档结尾处插入一个折线图，图表数据为 TF7-4A.xlsx 中的相关数据，为其应用“样式 2”的图表样式，并添加图表标题。

### 4．录制新宏

（1）在 Word 2016 中新建一个文件，在该文件中创建一个名为 A7A 的宏，将宏保存在当前文档中，用【Ctrl+Shift+F】作为快捷键，功能为将选定文本添加标准色“紫色”的双下划线。

（2）完成以上操作后，将该文件以“启用宏的 Word 文档”类型保存至考生文件夹中，文件名为 A7-A.docm。

### 5．邮件合并

（1）在 Word 2016 中打开文件 C:\2016KSW\DATA2\TF7-4B.docx，以 A7-B.docx 为文件名保存至考生文件夹中。

（2）选择“信函”文档类型，使用当前文档，使用文件 C:\2016KSWDATA2\TF7-4C.xlsx 中的数据作为收件人信息，进行邮件合并，结果如【样文 7-4D】。将邮件合并的结果以 A7-C.docx 为文件名保存至考生文件夹中。

（3）将邮件合并的结果以 A7-C.docx 为文件名保存至考生文件夹中。

## 第 5 题

### 操作要求

打开 A7.docx，按下列要求操作。

### 1．选择性粘贴

在 Excel 2016 中打开文件 C:\2016KSW\DATA2\TF7-5A.xlsx，将工作表中的表格以“Microsoft Excel 工作表对象”的形式粘贴至 A7.docx 文档中标题“2016 年成都市区在售楼盘情况”的下方，结果如样文 7-5。

### 2．文本与表格间的相互转换

按【样文 7-5A】，将“城中各街道种植树木统计表”下的文本转换成 7 列 9 行的表格形式，根据内容调整表格，文字分隔符为制表符；为表格自动套用“网格表 5 深色着色 2”的表格样式，表格对齐方式为居中。

### 3．文本中插入图表

按【样文 7-5B】，在文档结尾处插入一个复合条饼图，图表数据为 TF7-5A.xlsx 中的相关数据，设置仅显示“数据标签内、图例右侧”两个图表元素。

### 4．录制新宏

（1）在 Excel 2016 中新建一个文件，在该文件中创建一个名为 A7A 的宏，将宏保存在当前工作簿中，用【Ctrl+Shift+F】作为快捷键，功能为将选定单元格的列宽设置为 20。

（2）完成以上操作后，将该文件以“Excel 启用宏的工作簿”类型保存至考生文件夹中，文件名为 A7-A.xlsm。

5. 邮件合并

（1）在 Word 2016 中打开文件 C:\2016KSW\DATA2\TF7-5B.docx，以 A7-B.docx 为文件名保存至考生文件夹中。

（2）选择“信函”文档类型，使用当前文档，使用文件 C:2016KSWDATA2\TF7-5C.xlsx 中的数据作为收件人信息，进行邮件合并，结果如【样文 7-5D】。

（3）将邮件合并的结果以 A7-C.docx 为文件名保存至考生文件夹中。

# 3.8 演示文稿的基本操作

## 3.8.1 知识讲解

### 知识要点

- 幻灯片的基本操作。
- 文本操作与主题应用。

### 评分细则

| 评 分 点 | 分 值 | 得 分 条 件 | 判 分 要 求 |
| --- | --- | --- | --- |
| 新建演示文稿 | 2 | 在指定文件夹中正确创建 A8.pptx | 内容不作要求 |
| 幻灯片的复制、移动与删除 | 2 | 正确复制、粘贴指定幻灯片，正确移动或删除指定幻灯片 | 幻灯片复制粘贴位置正确<br>幻灯片移动位置正确，删除指定幻灯片正确 |
| 文本的输入与编辑 | 2 | 正确录入标题文本，编辑文本的字体格式和对齐方式 | 文本内容、字体格式、对齐方式均须正确 |
| 演示文稿的简单设计 | 2 | 正确应用指定的主题 | 主题样式使用正确 |

## 3.8.2 试题汇编

### 第 1 题

### 操作要求

1. 新建演示文稿

在“Microsoft PowerPoint 2016”程序中，新建一个演示文稿，以 A8.pptx 为文件名保存至考生文件夹中。

2. 幻灯片的基本操作

（1）复制：将 C:\2016KSW\DATA2\TF8-1.pptx 中的五张幻灯片复制至 A8.pptx 中新建幻灯片之后。

（2）移动：将幻灯片“谢谢观赏”页移动至最后一页。

### 3. 文本的输入与编辑

按【样文 8-1】，在第一张幻灯片中添加标题文字“环境科学”，设置字体为“华文新魏”、字号为“96 磅”、分散对齐；添加副标题“——生物净化”，设置字体为“隶书”、字号为“40 磅”、右对齐。

### 4. 演示文稿的简单设计

按【样文 8-1】，为所有幻灯片应用“切片”主题效果。

## 第 2 题

### 操作要求

### 1. 新建演示文稿

在“Microsoft PowerPoint 2016”程序中，新建一个演示文稿，以 A8.pptx 为文件名保存至考生文件夹中。

### 2. 幻灯片的基本操作

（1）复制：将 C:\2016KSW\DATA2\TF8-2.pptx 中的六张幻灯片复制至 A8.pptx 中新建幻灯片之后。

（2）删除：将幻灯片“娇虎演员”下面的空白幻灯片删除。

### 3. 文本的输入与编辑

按【样文 8-2】，在第一张幻灯片中添加标题文字“功夫熊猫”，设置字体为“华文行楷”、字号为“88 磅”、居中对齐；添加副标题“——角色介绍”，设置字体为“楷体”、字号为“40 磅”、右对齐。

### 4. 演示文稿的简单设计

按【样文 8-2】，为所有幻灯片应用“环保”主题效果。

## 第 3 题

### 操作要求

### 1. 新建演示文稿

在“Microsoft PowerPoint 2016”程序中，新建一个演示文稿，以 A8.pptx 为文件名保存至考生文件夹中。

### 2. 幻灯片的基本操作

（1）复制：将 C:\2016KSWDATA2\TF8-3.pptx 中的五张幻灯片复制至 A8.pptx 中新建幻灯片之后。

（2）移动：将幻灯片“谢谢欣赏”页移动至最后一页。

### 3. 文本的输入与编辑

按【样文 8-3】，在第一张幻灯片中添加标题文字“文房四士”，设置字体为“华文隶书”、字号为“96 磅”、分散对齐；添加副标题“——典出宋·陆游《闲居无客所与度日笔砚纸墨而已戏作长句》”，设置字体为“华文行楷”、字号为“18 磅”、右对齐。

### 4. 演示文稿的简单设计

按【样文 8-3】，为所有幻灯片应用“画廊”主题效果。

## 第 4 题

### 操作要求

### 1. 新建演示文稿

在“Microsoft PowerPoint 2016”程序中，新建一个演示文稿，以 A8.pptx 为文件名保存至考生文件夹中。

### 2. 幻灯片的基本操作

（1）复制：将 C:\2016KSW\DATA2\TF8-4.pptx 中的五张幻灯片复制至 A8.pptx 中新建幻灯片之后。

（2）移动：将后四张幻灯片按照“梅、兰、竹、菊”的顺序重新排列。

### 3. 文本的输入与编辑

按【样文 8-4】，在第一张幻灯片中添加标题文字“花中四君子”，设置字体为“华文中宋”、字号为“88 磅”，添加文字阴影效果，分散对齐。

### 4. 演示文稿的简单设计

按【样文 8-4】，为所有幻灯片应用“丝状”主题效果。

## 第 5 题

### 操作要求

### 1. 新建演示文稿

在“Microsoft PowerPoint 2016”程序中，新建一个演示文稿，以 A8.pptx 为文件名保存至考生文件夹中。

### 2. 幻灯片的基本操作

（1）复制：将 C:\2016KSW\DATA2\TF8-5.pptx 中的六张幻灯片复制至 A8.pptx 中新建幻灯片之后。

（2）删除：将幻灯片“太湖”下面的空白幻灯片删除。

### 3. 文本的输入与编辑

按【样文 8-5】，在第一张幻灯片中添加标题文字“中国五大湖”，设置字体为“华文彩云”、字号为“96 磅”、字体颜色为标准色“黄色”，添加文字阴影效果。

### 4. 演示文稿的简单设计

按【样文 8-5】，为所有幻灯片应用“电路”主题效果。